新咖啡大师技术宝典

手工咖啡实战

齐鸣◎著

CRAFT
COFFEE

江苏凤凰科学技术出版社

·南京·

图书在版编目（CIP）数据

新咖啡大师技术宝典：手工咖啡实战 / 齐鸣著 .--
南京：江苏凤凰科学技术出版社，2020.10

ISBN 978-7-5713-1093-6

Ⅰ.①新… Ⅱ.①齐… Ⅲ.①咖啡-配制 Ⅳ.
① TS273

中国版本图书馆 CIP 数据核字 (2020) 第 061290 号

新咖啡大师技术宝典：手工咖啡实战

著　　　者	齐　鸣	
责任编辑	倪　敏	
责任校对	杜秋宁	
责任监制	方　晨	

出版发行	江苏凤凰科学技术出版社
出版社地址	南京市湖南路 1 号 A 楼，邮编：210009
出版社网址	http://www.pspress.cn
印　　刷	佛山市华禹彩印有限公司

开　　本	718 mm×1000 mm　1/16
印　　张	13
字　　数	156 000
版　　次	2020 年 10 月第 1 版
印　　次	2020 年 10 月第 1 次印刷

标准书号	ISBN 978-7-5713-1093-6
定　　价	68.00 元

图书如有印装质量问题，可随时向我社出版科调换。

咖啡大师并不单指咖啡师，但我们不妨从咖啡师说起。

传统意义上的咖啡师（Barista）源自 20 世纪初的意大利咖啡馆，指的是那些掌握意式咖啡制作技巧，从事吧台出品的专业服务人员，属于咖啡产业终端的从业者。2000 年后，随着精品咖啡运动和第三波咖啡浪潮兴起，原本只在发烧友和独立咖啡馆中流行的滤泡式咖啡也随之兴盛起来。看似极度个性化、花哨繁复且效率不高的冲泡全程，实则逻辑缜密，研磨、萃取与品鉴环环相扣，对内严格遵循咖啡科学，对外注重风味呈现与顾客体验，更给精品咖啡门店注入了全新内容和海量产品，咖啡馆的生命力也为之焕然一新。早在多年前业界便有共识：一名合格咖啡师应完全掌握意式咖啡与滤泡式咖啡的制作技巧和客服策略。

但变化早已发生，你是否察觉？咖啡消费市场的快速发展和行业竞争的加剧一直在给从业者们提出新要求，尤其是近些年随着第三波咖啡浪潮的汹涌发展，新一代咖啡师群体逐渐成长起来，他们更加关注咖啡品质，探究科学技术，强调工匠精神，专注高品质咖啡生意与服务技能，且乐于分享交流。不管他们是继续从事一线咖啡出品，还是将更多精力放在了种植、生豆、烘焙、培训、研发、竞技等产业链的上下游环节甚至选择去创业，咖啡师一词早已不能承载他们的工作内容和价值创造，"咖啡大师（Coffee Master）"应运而生，一个"新"字用以强调时代特征。

新咖啡大师无疑是全能型人才，整个咖啡业都是他们的"势力范围"，各个工作岗位之间的边界早就模糊化，完整的技术知识构建出的一整套咖啡解决方案成为竞争力所在，产业链上下游都有他们的身影。我们很难想象：一位不懂手冲的咖啡烘焙师？一位不会杯测的吧台咖啡师？一位不接触生豆的咖啡品鉴师？一位不会拉花的咖啡培训师？这几年，随着精品咖啡门店的初具规模、竞技赛事的日渐丰富以及咖啡产业价值链的彻底重构，中国的新咖啡大师群体正闪亮登场。但遗憾的是类似称呼并未出现，关于他们如何学习成长的话题还非常碎片，对他们实战技术的整理归纳还显不足，而本书的创作初衷便在于此。

本书聚焦于咖啡从业者与发烧友人群都热衷的手工咖啡实战技术，因此在内容上做了很多精心取舍。首先，本书不涉及咖啡的历史文化以及树种、产区、采收、处理、储存等话题，对此感兴趣的读者欢迎阅读我的《咖啡 咖啡》（第二版）；其次，生豆与烘焙、手工咖啡研磨萃取、意式咖啡与牛奶拉花是新咖啡大师的三大主战场，我们将分作独立的三本出版物给予详细介绍，涵盖相关最新知识与技术；再者，本书假设读者对咖啡已经有了最基本了解，这样我们就可以不再从零起点 ABC 讲起。我们尽可能不浪费篇幅去讲解常见设备器具的使用步骤，而着力于去解读动作背后的技术要点、科学原理，也就是"为什么"。此外，本书各个章节图文内容采用一问一答的形式展开，杜绝长篇大论和滔滔不绝，而这些问题都从铂澜咖啡学院（后简称铂澜）日常教学中搜集整理而来，来源于一线实战，具有非常好的代表性，更便于读者查询。

新咖啡大师是新时代的产物，不应单由从业者专美。雨后春笋般出现的新设备新器具使得咖啡无限场景起来，高品质的咖啡变得无处不在，谁说爱好者不能成为技术专家？谁说发烧友不算咖啡人？事实上，近年来铂澜的进阶咖啡课程中已有接近一半的学员是咖啡发烧友而非咖啡职人，他们或是律师，或是设计师，或是政府职员，或是在校大学生、家庭主妇、退休人士等，无须通过经营咖啡谋生使得他们能够更加纯粹地享受咖啡之美，更加彻底探究咖啡奥秘，他们是新时代咖啡文化技术传播的主力军，亦是本书的主要受众。

什么是咖啡？咖啡粉和水而已，余下的都是爱！什么是新咖啡大师？他们是咖啡宗教的信徒，他们是精湛技术的拥有者，他们是生活美学的实践者，他们还是城市最后的庇护所——咖啡馆的捍卫者。此外，新咖啡大师还是一种卓然不群的生活方式，一种对待人生的鲜活态度，与当下是否从事咖啡业并无必然关联，其实人生就是最美的咖啡吧台。

多年前我曾经写过一本书叫《爱上咖啡师》，里面有句话自己一直很喜欢，抄录在此聊作结束：青春是打开了就合不上的小说，咖啡是遇到了就离不开的爱人。

CHAPTER 1
咖啡研磨篇

CHAPTER 2
水质科学篇

CHAPTER 3
冲泡萃取篇

CHAPTER 4
感官评估篇

CONTENTS

CHAPTER 5
滤泡咖啡篇

CHAPTER 6
冷萃咖啡篇

CONTENTS

咖啡研磨篇
CHAPTER 1

01 >

为什么要将咖啡豆研磨后再冲泡？

咖啡豆研磨是将咖啡豆分解为小颗粒或者粉末化的过程，这样可以大幅提高接下来冲泡时咖啡粉与水之间的接触总面积，显著提升风味物质萃取效率，使得在少则几十秒，多则几分钟的较短时间内能够冲泡萃取出一杯好喝的咖啡来。但是，你试过直接冲泡完整的咖啡熟豆吗？我们选了一款正常中度烘焙（Agtron 粉值 #70）的咖啡熟豆来做个对比实验。

测试一： 我们用 1：17 的粉水比例、杯测粗细研磨度、93℃热水进行浸泡式萃取，等待 8 分钟后过滤掉咖啡渣并品尝，风味良好，再用 VST 浓度仪检测，咖啡液浓度为 1.22%。

测试二： 我们将未经研磨的完整熟豆直接浸泡在起始温度为 93℃的热水中，粉水比依旧是 1：17，足足 8 分钟之后捞出咖啡熟豆并品尝咖啡液，极其稀薄寡淡。再用 VST 浓度仪检测，咖啡液浓度仅为 0.09%。

结论： 研磨咖啡豆的目的是为了让咖啡豆在冲泡之前拥有足够大的表面积，粉水接触总面积几何级数增加，便能够有效萃取出蕴藏在豆体内的风味物质，实现良好的呈杯风味。

1996 年，美国精品咖啡协会（SCAA）与美国艾格壮公司（Agtron Inc.）联合推出了一套测定咖啡烘焙程度的技术解决方案，现已成为业内通用标准。Agtron 咖啡烘焙度分析仪是一种光度计，它用近红外线照射咖啡熟豆或咖啡粉表面，借由分析特定化学成分群组物质对于光度计的反应（接受分析反射光）来判定烘焙程度，而这个特定化学成分群组物质构成对应咖啡风味生成之间有明显的线性关系。Agtron 数值范围在 0.0～100.0，数值越大，说明咖啡烘焙程度越浅；数值越小，则说明烘焙程度越深。

02

不考虑粗细度的话，怎样才是正确的研磨方式?

我们可以将祖先研磨加工粮食以及中草药与今天研磨咖啡豆看作同一类行为。回顾历史，彼此都经历了从最初砸压，直到碾磨类和舂捣类杵臼工具大行其道的进化过程。今天去东非埃塞俄比亚等国的某些偏远地区，还能看到当地人使用石制或木质的杵和钵研磨咖啡豆。这种依靠捣杵和石钵撞击并碾压咖啡熟豆，使得豆体自然碎裂颗粒化所磨出的咖啡粉，对咖啡豆细胞壁的破坏相对较小，便于暂时性存留其体内的芳香风味物质。因此，依然被很多人认为是科学合理的咖啡研磨原理。现如今，磨豆机早已取代了笨拙的臼磨，并将其基本原理继承并优化为速度更快、豆体破坏性更小、芳香风味物质保留更多的碾磨或切削动作。

确定手边的磨豆设备该如何进行研磨操作属于咖啡师的首要工作。在此基础上我们再考虑研磨粗细度、一致性、研磨时长、研磨温度等其他重要问题。

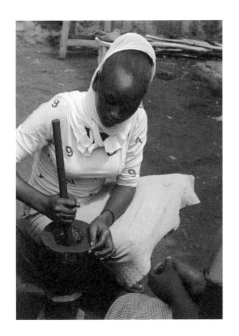

直至今日，埃塞俄比亚人依然会使用这般木质器具来研磨咖啡豆

03

那些很便宜的螺旋桨式
小型电动研磨机好不好用?

专业磨豆机的研磨过程如果分解的话，其实可以看作是三个步骤在依次进行。首先，将咖啡豆拆分为若干较大的颗粒。接下来，将若干较大的颗粒做均匀一致的初次研磨；最后，根据我们所需要的粗细程度进行最后的研磨。彻底打乱如上步骤就很可能有问题。咖啡爱好者家里常见一种形如直升机螺旋桨的小型电动研磨机，数十元就能买到，我将此称为"旋风式砍豆机"，或者叫作打粉机、碎豆机更加妥当。开动后，电机带动螺旋桨做高速旋转，在狭小的密闭空间里将咖啡豆不规则地粗暴搅碎。一通"操作猛如虎"之后，研磨粗细度往往取决于通电搅拌的时长，粗细一致性根本无法保证，大量粗颗粒与极细粉并存，冲泡时前者增加了咖啡中的劣酸风味，后者让咖啡更快苦涩起来，这显然很不妙。

04

手摇磨豆机是否值得购买?

　　过去几年间，越来越多制作精良的手摇设备不断涌现，人民币 200 元左右已经能够大体解决咖啡豆有效研磨的问题。而 Comandante（司令官）、Lido、Rosco、Helor（海勒）、HG-one 等动辄上千元乃至数千元的手摇神器层出不穷，从高品质的单品手摇磨豆机到意式手摇磨豆机均有，一大批热爱咖啡、充满工匠精神的艺术家跨界而来，参与到手摇磨豆机的设计研发工作中，过往轻视手摇设备的固有观念必须更新。

　　当下，高品质的手摇磨豆机都是基于正确的研磨原理，其优化的手摇传动机制（如 HG-one 大小齿轮的联动可以大大省力提速）和强大的刀盘（如 HG-one 的刀盘直径达到了 83mm）令人心动，且拥有便于携带（大部分）、无须电源、研磨发热少等优势，是发烧友人群的不错选择，甚至也可以作为精品咖啡小店里电动研磨机的临时替代设备。当然，如果你使用手摇磨豆机，应该尽可能施力均匀，缓慢且匀速，切勿忽快忽慢。

HG one 是由古典音乐家和影视艺术家共同设计研发的高端手摇磨豆机品牌

日本 PORLEX 以及类似样式的便携手摇磨豆机十分流行

05

平刀磨豆机有哪些优缺点？

平面锯齿刀组（平刀）和立体锥形锯齿刀组（锥刀）是咖啡研磨设备中最常见、最基础的两种磨刀结构。此外，为了改善研磨效率、研磨一致性和摩擦生热等问题，又产生了很多在此基础上的升级改良款。

平面锯齿刀组简称平刀，研磨部件是由两片布满锋锐锯齿的环状刀片组成，咖啡粉是从中间往边缘推挤出来，研磨动作更偏于"切削"。两片刀盘的空隙与研磨粗细度密切相关，刀盘直径与研磨质量密切相关。平刀磨豆机研磨效率不错，大直径平刀研磨质量非常高，因此占据了相当一部分市场份额。意大利 Mazzer SJ/Major、Mazzer ZM digital、Fiorenzato F64E、迈赫迪 K30、Baratza Forte、瑞士 Ditting KR804 等目前主流设备多为平刀磨豆机。

但平刀磨豆机也有一些可能的问题。首先，平刀磨豆机产生的细粉可能较多，并易带来萃取过度的负面风味。其次，平刀磨豆机刀盘与咖啡之间的摩擦生热是个问题，咖啡粉升温后会有更多挥发性芳香气体逸散，有些设备会通过降低转速来解决此类问题。此外，平刀磨豆机对于刀盘的锋利度要求较高，相对来说寿命较短，如果未能及时更换刀盘，则会影响研磨效率和呈杯风味。

06⟩

锥刀磨豆机有哪些优缺点？

立体锥形锯齿刀组简称锥刀，是由两块圆锥铁的立体形式（一内一外）咬合而成，外层固定，内圈旋转，咖啡粉从上往下随着重力作用自然被研磨挤压出来。这种设计提高了研磨效率，咖啡粉发热问题也有所缓解，且使用寿命更长，只是往往均匀一致性略逊平刀一筹。此外，不同于平刀磨豆机片状咖啡粉偏多，锥刀磨豆机研磨的咖啡粉颗粒状较多，且细粉较少，不易萃取过度，风味层次性、丰富性提升的同时，较不易产生萃取过度的负面风味。

锥刀多应用在手摇磨豆机和部分意式浓缩研磨机中，惠家 ZD 系列、Mazzer Robur、Baratza encore 等锥刀机型也有相当的市场认可度。

07

平刀和锥刀究竟哪个更好?

　　很多专业品鉴师认为，盲测辨别出平刀和锥刀研磨萃取的咖啡并不容易。因此，我们不赞成单纯讨论两者优劣，还应从刀盘材质、整体构架、使用场合、风味追求等方面着手。此外，很多创新设计层出不穷，两者也有逐渐优点融合、缺点消弭的趋势。比如说诺瓦 Nuova Simonelli Mythos one 磨豆机就是将 75mm 平刀磨盘斜置，研磨时前置磨盘不动，后置磨盘向前推动，这样不仅提高了研磨均匀度和效率，也减少了内里存粉。

08

经常听到的鬼齿磨豆机
是什么意思？

　　将鬼齿（Ghost/Crushing Burr）改称为臼齿（cheek tooth）就便于理解了。大家可以张开自己的嘴，对着镜子看一下。鬼齿是在平刀和锥刀之外对磨豆机刀组的全新设计，更是回归传统的技术创新，结合了前两者的诸多优点，主要用于非意式咖啡的各类研磨。前些年从日本小富士鬼齿磨豆机起兴，目前已经成为一大类别，尤其在亚洲地区非常流行。

　　鬼齿研磨动作更偏向于"碾压"。滤泡咖啡研磨设备中采用鬼齿刀盘的越来越多，冲泡效果也非常好。鬼齿磨豆机的刀盘与臼齿十分相像，不再讲究锋利，不追求削切速度，磨豆过程中进一步减少了切割动作，以传统舂米的碾压碾碎方式为主，使得咖啡粉以片状颗粒为主（更加厚实的片状体），细粉介于平刀与锥刀之间，更有助于增加咖啡的醇厚度和干净度，保留香气、减少涩感。

鬼齿刀盘

09 ⟩

咖啡工厂使用的研磨设备有哪些？

　　大型咖啡工厂使用的磨豆机有所不同，其研磨部件类似装修师傅给墙体刷漆时使用的滚筒刷，称作工业级滚筒研磨机（Industrial Roller Style Grinder）。滚筒刀通常有几组带有纹路的金属滚筒，从上往下依间隙由大至小依次排列，咖啡豆由上方倒入，随即被层层碾碎直至最后落下。工业级滚筒扭力大、转速慢、发热少、研磨效率高，且粗细度不限、均匀度高，但售价高昂、占据空间很大。MPE 公司的 IMD1000 系列工业滚筒磨豆机（如左下图）具备每小时研磨滤泡式粒径粗细咖啡豆 6500 kg 或意式粒径粗细咖啡豆 3250 kg 的惊人速度，而工业级平刀磨豆机往往也只有其十分之一的研磨速度。

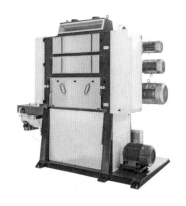

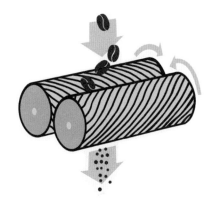

10

挑选一台专业的电动磨豆机
需要考虑功率吗？

　　需要考虑。购买一台专业级电动磨豆机，不考虑品牌知名度和外观颜值等因素的话，功率大小是评估其性能的着眼点之一。功率越大，意味着单位时间内能量转化效率越高，单位时间内有效研磨量大，不仅可以满足大批量生产的需要，还使得咖啡粉停留在磨刀间的过程中生热较少。"咖啡豆体高压理论"认为，咖啡烘焙过程中会在豆体内部形成约 1.6MPa 的高压，当研磨设备将咖啡豆体破裂分解之时，压力的释放会导致部分风味物质随之逸散，而 GC-MS 色谱图扫描分析、固相微萃取技术等手段已对上述理论给予了证实。因此，功率越大带来研磨时间的缩短，也会相应减少这种逸散程度，有助于保留风味。

　　小型电动磨豆机功率多在 150W 上下，且不说研磨粗细度和精确度，功率就限定其多用来做一些非连续性的小批量研磨工作，适合爱好者家用。而专业意式咖啡磨豆机需要连续高效工作，功率在 350W 以上，大于500W 的也比比皆是，强劲大功率电机再搭配一套主动式冷却控温系统几乎已经成为高端磨豆机（主要是高端意式磨豆机）的标配。

11)

磨豆机的刀盘直径是很重要的参数吗?

是的。刀盘直径大小直接关乎研磨质量,尤其在购买平刀磨豆机时要将其当作核心指标。总的来说,刀盘直径越大,整个研磨过程越长,研磨越是均匀一致。同时,这代表着粗细精确度更加可控,也就是质量越高。"大刀盘"是描述磨豆机性能优异的重要关键词之一,近期新上市的高端研磨机(尤其是高端意式研磨机)刀盘直径几乎都达到了80mm,便是这个原因。

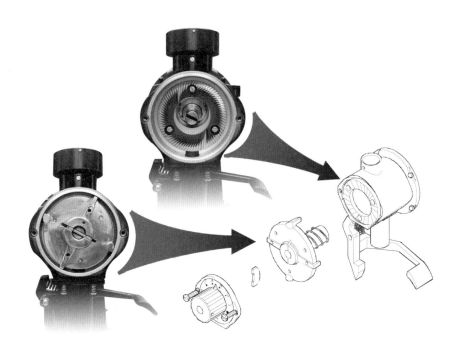

Mahlkoenig EK43 磨豆机刀盘结构示意图

12

研磨粗细度均匀一致真能做到吗?

　　研磨粗细度均匀一致是保证萃取质量的先决条件,但这是大体而言的,不是绝对的,我们还需要从研磨的粒径分布讲起。

　　研磨的粒径分布可以目测大概,可以使用筛网评估,最精确的是动用激光粒径(粒度)分析仪,这种设备可以将一次研磨样品通过激光衍射原理成像,再进行粒径大小分布的统计分析,最后以图表等直观形式呈现出来。结果证明,使用任何设备进行任何一次咖啡豆研磨,颗粒大小都不可能均匀一致——过粗和过细粉的存在是必然的,只是占比程度不同罢了。如下页图所示,越是能够在命中"靶心"的粗细度上实现一个尽可能陡然凸起的纺锤形粒径分布图，越是理想的研磨结果——所有咖啡粉质地均匀、粗细一致，萃出率最佳，咖啡呈杯风味、明亮感、甜度、干净度、平衡感等都会最佳。相反，粒径分布范围越广，命中"靶心"的粗细度凸起部分越小，甚至形成双峰、多峰而不是单峰，这些都可能是苦涩、酸涩、明亮感不足、干净度不够等风味产生的原因。

很多咖啡师认为，豆子品质高且烘焙良好，则本身负面风味少，粒径分布略微分散些，有助于提升风味的丰富性。而假如豆子品质差或烘焙不佳，则负面风味多，粒径分布要集中一些，强调主轴风味，减少杂味带来的干扰。作为一名新咖啡大师，需要拥有一套专业级咖啡粉粒径分析筛网，通常是不锈钢材质，以便能够对研磨结果进行评估或二次筛选。

很多因素都会影响研磨一致性，刀盘直径无疑是其中重要的因素之一。一般来说，刀盘直径越大越好，而平刀在此方面略优于锥刀。今天很多专业级磨豆机的刀盘直径都在 64mm 以上，面向爱好者人群的准专业级设备也会达到 50mm。

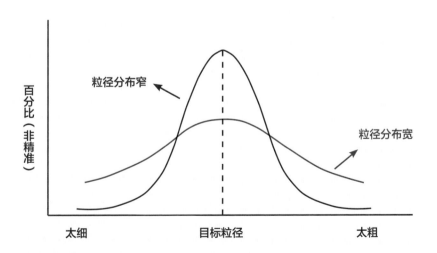

13

低温研磨究竟有什么作用呢？

低温研磨及高效散热（控温）有助于减少过程中芳香类物质的逸散是一个重要常识。低温研磨在研磨萃取 Espresso 时显得尤为重要，可以尽可能减少咖啡粉发热，须知咖啡豆中的很多芳香物质挥发性极强，温度稍许增加也会让其挥发速度加快。事实上，减少摩擦生热不仅是我们咖啡行业面临的话题，所有粮食谷物研磨领域都在讨论研磨过程中摩擦生热带来的风味挥发、品质下降等问题。比如说面粉厂使用的辊式磨粉机就有非常复杂的水冷、风冷、热管式传导冷却等技术，而有些类似的研磨降温技术也已经应用在工业级咖啡研磨设备中。我们从几个方面来看。

首先，有些咖啡师倾向于立体锥形锯齿刀组的高端研磨机，便是因为其不仅研磨效率高，且研磨时发热量低，减少了香气逸散。

其次，意大利 Nuova Mythos One 2、DIGITAL ZM 等越来越多高端磨豆机更是配备了可变速马达，可调节至匹配的低转速，电子误差校对，甚至还可以允许咖啡师根据不同咖啡豆来设定研磨时的温度。

再者，为了使研磨设备电机运行时尽量不将热量传递给磨刀，而将热量迅速排出，避免积聚，很多磨豆机会内嵌风扇做随时散热处理，称作主动式温控管理系统，就像电脑机箱或高性能显卡那样。所有这些设置背后的目的都是为了使咖啡风味最优——减少研磨过程中高温导致的香气流失。

还有，大功率、高扭矩也是有效的解决方案之一。玩车的朋友对这个概念不会陌生，转速能够将功率和扭矩这两个孤立的物理量联系起来：功率 = 扭矩 × 转速。很多专业磨豆机正是通过提高功率、增加扭矩、降低转速，来达到减少生热的目的。而精品咖啡豆多生长于高海拔地区，质地更为坚硬，

增大扭矩对于研磨硬豆也非常有利。

此外，有些咖啡师会将研磨前的咖啡豆冷冻存放于零摄氏度以下环境中，研磨时咖啡豆温度越低，实际研磨颗粒越小且均匀一致性越好，这样也可以提高萃取率和萃取质量。

14

对于磨豆机来说，
陶瓷刀盘和金属刀盘哪种更好？

　　刀盘材质是前文没有来得及提的又一个重要指标。对于不同材质的刀盘来说，硬度、耐用性、散热性能、生产成本等诸多方面都不一样。这里面最重要的当然是硬度，我们可以把硬度看作是锋利程度。在普通人眼中看来完全一样坚硬无比的刀盘，其实塑性变形抗力却是千差万别。有些高端磨豆机提供可选的镀钛刀盘便是大幅提高硬度之举，硬度越高，对于研磨质量自然是有正面帮助的。但材质并不是决定锋利度的全部因素，还须考虑轴承等其他制作工艺。

　　目前常用的磨豆机刀盘材质，主要分作陶瓷和金属两大类，金属又可以细分为铸铁、不锈钢等。一般来说，陶瓷的硬度与金属相当（甚至有过之），锋利程度不是我们选择比较的依据。耐用性高（耐磨损）、耐高温、防锈蚀能力强（可以水洗）、不易发热、大批量生产成本低是陶瓷刀盘的优势。而散热能力强、高硬度下韧性好是金属刀盘的优势。我们将两者结合在一起看，发现问题并不简单，单纯凭借材质来判断刀盘优劣并不可取。

手摇磨豆机不同材质的
锥形刀盘

15

采购磨豆机需要综合考虑哪些因素?

对于咖啡师或咖啡馆经营者来说，采购一台专业研磨设备有个比较简单的判断标准：输出功率越大越好，研磨刀片直径越大越好，低发热前提下，研磨速度越快越好。

专业级咖啡研磨设备不论具体构造如何，其研磨过程都是分阶段进行：首先将咖啡豆分解破碎为较大的颗粒，接下来进行初步研磨，最后进行比较精细的研磨处理。磨刀直径大，意味着有效研磨范围宽，研磨颗粒一致性好，咖啡风味、甜度、干净度都会有显著提升。以德国 Mahlkonig EK43/EKK43 磨豆机为例，这是过去数年间比较受追捧的精品咖啡研磨设备之一，其刀盘直径达 98 mm，功率高达 1300w，每分钟转速 1480 转。当你只需短短 1～2 秒便完成一份高水准研磨时，那种快乐和自信是不言而喻的。

刀盘材质也需要考虑。一般来说低端磨豆机以陶瓷刀盘为多，这是因为一旦开模之后便可大批量生产。而高端磨豆机则以金属为主，但这并不是说陶瓷就一定比金属低端，还要具体看磨豆机的其他部件（如轴承）和整体架构。

有助于提高工作效率、减少无谓浪费的定量研磨技术这几年越发成熟，相信会在未来几年逐渐成为标配功能。此外，另有一些锦上添花的优化升级技术也值得关注，可以作为采购时的加分项。比如主动式温控系统、研磨时的静音处理（低分贝研磨）、粗细度精细无极微调、直观便捷的电子触屏、刀盘间距检测系统、静电消除不结块技术等。

16

刀盘使用状态对于风味有影响吗？

当然有影响。当磨豆机已经研磨了足够量的咖啡豆，原本锋锐的刀盘势必会变得钝拙，不仅影响接下来研磨的均匀一致性，使得萃取率下降，还导致微观层面原本的快速切削变成较为缓慢地碾揉，这会导致效率下降，精确度降低，发热增加，从而损耗更多香气，咖啡风味因此弱化（平淡化）。此外，有些磨豆机实际工作量并不大，但如果保养不佳或操作不当，也会带来类似问题。

工业级研磨更加关注刀盘质量。如果咖啡豆中混有未被剔除干净的砂砾、石子等坚硬杂物，普通钢材质的刀盘会迅速钝化，从而影响咖啡风味，这时用户往往会寻求铸铁、碳化钨等材质刀盘，以延长高质量研磨下的使用寿命

17

电控定量研磨指的是什么?

电控定量研磨已经是目前专业级意式磨豆机的标配功能之一,手工冲泡咖啡多是逐份称量研磨,对于定量研磨的需求还不多,但提高工作效率、减少浪费终归是好的,相信以后会越来越成为标配。

以往的专业意式磨豆机都会带有一个手动分量器,用以拨出相对定量的咖啡粉。但是该部件毛病也很多:存留咖啡粉多,清理异常麻烦,精确度低,并且容易溢撒弄脏操作台面。最近几年生产的意式磨豆机在此环节改进很大,手动分量器被电控直出装置取代,可以通过精确设定研磨时长来控制研磨出粉量。研磨机也变成了更加体贴、杜绝浪费的电控即出即用型设备。

需要注意的是,目前市面上主流的电控定量研磨都是通过定时(时长)或定量(体积)来实现一定误差范围内的定量研磨。试想一下,纵使将时间锁定住,咖啡豆的质地、烘焙程度、豆仓负荷带来的压力、外部工作电压等诸多因素还是会影响到单位时间的出粉量。因此,一方面我们需要尽可能减少变因,另一方面则需要随时进行微调校准。迈赫迪 e65s GbW 等诸多新一代电控定量研磨正在快速推向市场,这些高端设备内置了克重实时监测传感器,可在整个研磨过程中做到真正的定量。

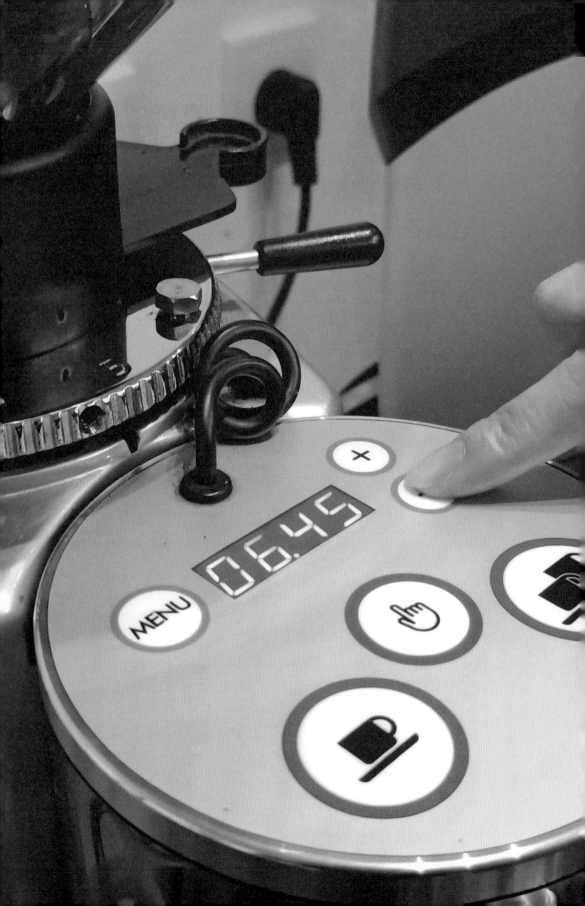

18⟩

从研磨后到冲泡前，
咖啡师需要注意什么？

咖啡熟豆研磨后，细胞壁被破坏再加上豆体内压力的释放，都导致四周弥漫着诱人的咖啡香味，这也是咖啡香气的快速逸散过程。此外，与空气接触面积的迅速增加，也会提升氧气劣化速度，让咖啡豆迅速"不新鲜"起来。专业机构的检测数据证明：咖啡豆在研磨的前 5 分钟内，会有接近 50% 的活跃挥发性芳香物质逸散。但遗憾的是，任何一线咖啡师都无能力和技术手段做到咖啡粉的长时间良好储存。因此，我们应该从出品制度和工作习惯两个方面来尽可能缩短研磨与萃取之间的停顿，保证尽可能多的风味物质存留杯中。

此外，咖啡豆研磨时释放的香气浓淡程度、气味特征，也是判断咖啡豆新鲜与否、品质如何的重要手段，咖啡师应该学会通过嗅闻干粉香气来做初步鉴别。存放时间过长的咖啡豆，研磨时除了释放的香气淡薄，还带有一股酸败陈腐气息，而生豆处理或烘焙环节不当的咖啡熟豆，纵使新鲜也会有负面香气呈现，这一点需要注意。

当然，在专业咖啡馆围着吧台品尝咖啡时，有的咖啡师会习惯性地将研磨好的咖啡粉给顾客嗅闻一圈，这一过程很短暂，虽然会损失少许风味，但算得上是一种良好的顾客增值体验，更是对自家咖啡熟豆新鲜度和品质自信的体现。

19

咖啡师怎样描述、确定研磨粗细度？

在不同条件下讨论咖啡研磨粗细度是一件困难的事情，"粗"或"细"都只是相对而言。纵使大家使用的是同一品牌及型号的磨豆机，由于诸多因素也会造成同一个刻度实际出来的粗细迥异——此时我的 EK 刻度 3 不仅与你的 EK 刻度 3 不相同，便是与半年前我自己的刻度 3 相比也有了些微变化（不做校准的话）。更不用说不同品牌的研磨设备，刻度之间毫无关联性和参照价值。

我们有必要对咖啡熟豆的研磨粗细度进行一个描述性归纳，这一点对于"人机结合度"很高、熟悉自己手头设备的咖啡师其实作用有限，但是对于咖啡爱好者则帮助很大，起码知道在某个研磨区间范围内如何调整，减少了无谓的浪费。为了便于描述，铂澜一贯的教学方法是选用颗粒状的白砂糖、干酵母粉、食盐、面粉这四种常见物品作为重要参考物进行类比描述（后文将详细讲解），而在实际操作中我们会要求准确找到你的磨豆机对应的标准杯测研磨粗细度（使用粒径分析筛网来确定），有了这个"锚点"，就可以在实践中进行探索，诸如"就用杯测研磨度""比杯测略粗""比杯测略细""杯测与意式研磨粗细之间就可以了"等。接下来我们需要使用暂定的粗细度进行研磨冲泡，通过观察下水速度快慢等来做进一步微调——冲泡总时长关系重大，如果发现因淤堵导致下水太缓慢，很大概率上需要将研磨粗细度调节得更粗一点。

总而言之，研磨粗细度与萃取程度乃至咖啡呈杯风味之间关系紧密，但是准确界定和灵活把握对于初学者却有些难度。除了寻找参考物比照，多尝试、多品尝，逐渐建立起正确的感官标准是唯一的途径。专业咖啡师则应该基于现有的研磨设备多进行实操，日常勤保养，定期做校准，再辅以粒径分析筛网等工具进行精确评估。

筛网目数（mesh）与粒径微米（micron）对应表

目数	微米（μm）	
12	1400	
14	1180	
16	1000	
18	880	滤泡咖啡常见
20	830	研磨粗细区间
24	700	
28	600	
32	500	
40	380	
50	270	意式咖啡常见
60	250	研磨粗细区间
80	180	
100	150	
200	75	

［注］

目数即为孔数，指的是每平方英寸上的孔数目。

目数越大，孔径越小。

中国目前使用的为美国标准。

咖啡粉不同研磨粗细度比较

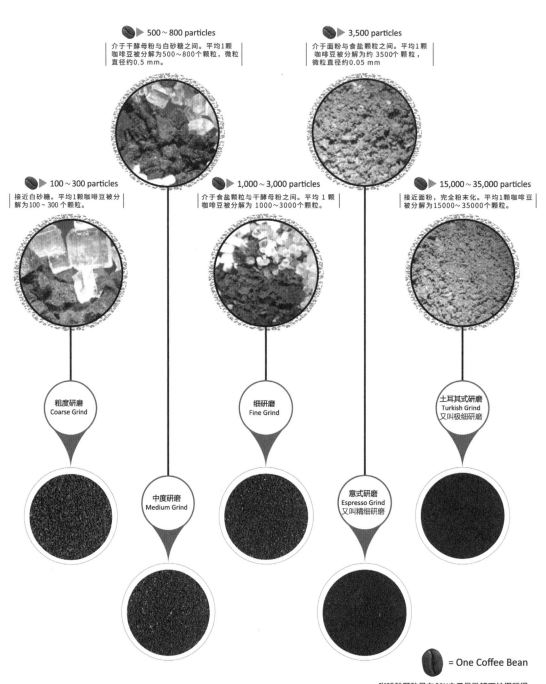

500～800 particles
介于干酵母粉与白砂糖之间。平均1颗咖啡豆被分解为500～800个颗粒，微粒直径约0.5 mm。

3,500 particles
介于面粉与食盐颗粒之间。平均1颗咖啡豆被分解为约 3500个颗粒，微粒直径约0.05 mm

100～300 particles
接近白砂糖。平均1颗咖啡豆被分解为100～300个颗粒。

1,000～3,000 particles
介于食盐颗粒与干酵母粉之间。平均 1 颗咖啡豆被分解为 1000～3000个颗粒。

15,000～35,000 particles
接近面粉，完全粉末化。平均1颗咖啡豆被分解为15000～35000个颗粒。

粗度研磨
Coarse Grind

细研磨
Fine Grind

土耳其式研磨
Turkish Grind
又叫极细研磨

中度研磨
Medium Grind

意式研磨
Espresso Grind
又叫精细研磨

= One Coffee Bean

咖啡粉颗粒是在60X电子显微镜下拍摄所得

20

什么标准属于粗度研磨?

1 颗咖啡熟豆的表面积展开只如一张标准邮票大小,至少要进行粗度研磨(Coarse Grind)才能满足最起码的萃取效率。粗度研磨并不意味着无限粗,而是大体接近白砂糖颗粒晶体的尺寸。这种研磨程度下,平均 1 颗咖啡豆被分解为 100～300 个颗粒,萃取效率比较低,适合那些使用较粗滤网,或咖啡进行较长时间浸泡、投粉量较大的咖啡制作器具。在某些场合下,法压壶、使用大容量粉碗的商用美式滴滤机、冷泡咖啡等都会采用这种研磨度。

21

什么标准属于中度研磨?

中度研磨(Medium Grind)的颗粒大小介于干酵母粉与白砂糖之间。平均 1 颗咖啡豆被分解为 500～800 个颗粒,粒径大小在 500～1000 μm,是欧美诸多咖啡厂商默认的滤泡式咖啡研磨粗细度。中度研磨使用很广,选择大部分滤杯进行手冲时都经常采用这一研磨区间。此外,美式电动滴滤壶、虹吸壶、法压壶等也可以考虑这种粗细范围。

22

标准杯测研磨粗细度属于中度研磨吗？

是的。根据 SCA 技术标准，杯测烘焙用豆的研磨粗细度是 70%～75% 能够通过美国标准尺寸 20 目的筛网，也就是平均 1 颗咖啡豆被分解为 600 个颗粒，微粒直径约为 0.85mm（850μm），恰好居于中度研磨范围内。不过，SCA 确定的杯测研磨粗细度对应的是中度烘焙（二爆前的沉寂期）的中南美洲高海拔极硬豆。当我们进行浅焙咖啡杯测时，还应微调研磨度。

23

什么标准属于细度研磨？

细度研磨（Fine Grind）咖啡粉乍看很细，细看却仍是颗粒状，在放大镜下观察则介于食盐颗粒与干酵母粉之间，平均 1 颗咖啡豆被分解为 1000～3000 个颗粒。细度研磨使得粉水接触的总表面积很大，萃取效果好，但细小的颗粒容易造成过滤材质的孔隙淤堵，需要综合考虑。细度研磨介于意式研磨与滤泡式研磨之间，使用摩卡壶、爱乐压、D 特压等设备时可以尝试。

一套咖啡粒径分析筛网是咖啡师的重要工具

24 ⟩

什么标准属于意式研磨？

　　意式研磨（Espresso Grind，又叫作精细研磨）属于细度研磨与极细研磨之间。前面讲过的细度研磨看似已经很细，实则用来萃取意式浓缩咖啡还嫌不够。我们可以这样描述意式研磨程度：看上去是细密的粉末，但是用手指捏起来还微有颗粒感。其粗细度介于面粉与食盐颗粒之间，平均 1 颗咖啡豆被分解为超过 3500 个颗粒，微粒直径小于 0.5mm（通常为 200~450μm），主要适用于意式浓缩咖啡机萃取 Espresso，是咖啡师最为熟悉的研磨程度。普通手摇磨豆机和电动研磨机很难高质量地实现这种研磨程度，这导致专业级意式研磨设备往往投入不菲。

　　萃取 Espresso 需要采用非常精细的意式研磨程度，但上文给出的还只是需要继续微调确认的研磨范围，最终的粗细刻度究竟是什么，要与咖啡豆质地、烘焙程度、排气与否、研磨质量、咖啡机、布粉量等诸多因素相结合才能找到最终答案，甚至周遭空气湿度也会带来影响，单纯地纸上谈兵并不现实。铂澜也曾经对自家体验店里一款日常出品的意式浓缩咖啡进行了研磨粒径分析，采用 EK43 研磨，粒径大小主要集中分布在 265~305μm，能够轻松实现 21% 以上的萃出率。作为一线咖啡师，每天早上开始出品前，试做 3~5 杯 Espresso 并结合品尝来微调粗细度，这不仅不能被视作浪费，还应该被认可为非常优秀的职业习惯，值得大加赞赏。

　　一旦对咖啡熟豆进行 Espresso 程度的研磨，则意味着其芳香挥发性远比滤泡式咖啡粉更快。有数据显示，滤泡式咖啡在研磨 15 分钟后将流失 60% 的芳香物质，而 Espresso 研磨 2 分钟后就有 48% 的芳香物质逸散损失掉。研磨完成后,最快速地将咖啡粉投入萃取环节,可以尽可能地将香气留存在咖啡饮品中,而不是白白逸散到空气里。大部分欧美咖啡师认为"咖啡研磨机是获得卓越意式浓缩咖啡的钥匙(Coffee grinder is key to exceptional espresso)",意大利人理解中的 Espresso 4M 原则中,有一个 M 为 Macinino(或 Macinadosatore),翻译成英文为 Grinder,指的就是咖啡豆研磨(如果从 Macinadosatore 这个单词来看,实际上还包含研磨后的布粉等)。

25

什么标准属于土耳其式研磨?

土耳其式研磨(Turkish Grind,又叫作极细研磨)看上去和意式研磨几乎一样。极细研磨程度与面粉近似,撒一把咖啡粉在玻璃桌面上,再用杯测匙去碾压刮蹭时不会有咯吱咯吱的声响,它已经完全粉末化。平均 1 颗咖啡豆被分解为 15000～35000 个颗粒。这种研磨程度主要用来煮土耳其咖啡,日常制作咖啡比较少见。

埃塞俄比亚首都百年历史咖啡馆
TOMOCA 里的磨豆机

26 怎样购买一台专业磨豆机?

　　本书虽然定位于手工咖啡,但不妨从意式磨豆机说起。一杯高品质的Espresso 可以是意式浓缩咖啡机与磨豆机结合的产物,两者相辅相成、缺一不可。咖啡机与磨豆机不匹配会带来"木桶短板效应",要么成为"名驹拉破车",要么变成"老马拉豪车",都不可取。有咖啡店主建议,购置意式浓缩咖啡机与磨豆机的预算之比约为 5∶1。换句话说,如果购买一台售价 5 万元的意式浓缩咖啡机,那么应该购买一台价值 1 万元的磨豆机。专业经验同时表明:升级研磨设备更能让我们直接感受到咖啡品质的飞跃,其在这套体系中所占的权重更高一些。换句话说,如果想投入有限资金更换设备来对本店咖啡品质进行提升,那么首要应该考虑研磨设备。另外一种值得考虑的做法是形成"一机多磨"组合搭配,适用于拥有多款意式配方豆、SOE(Single Origin Espresso,单一产地意式浓缩)咖啡豆以及低因意式咖啡豆的咖啡门店,既减少了调磨的麻烦,提高了出品效率,也有更好的视觉效果。

　　回到手工咖啡专业磨豆机选购的话题,如上的观点依旧生效。如果您预算充裕,一台高品质的磨豆机是值得考虑的,将水质与研磨品质完美锁定后,咖啡怎能不好喝呢?

水质科学篇
CHAPTER 2

01 ⟩

为什么这几年水质科学突然在咖啡圈火热起来？

　　不管是滤泡式咖啡还是意式浓缩咖啡，一杯黑咖啡中占到绝大多数的永远是水（水通常占 90%～98%）。咖啡本就是一杯饮品，用任何语言也无法形容水对于咖啡的重要性。咖啡风味各有不同，这里面固然有研磨冲煮设备和操作者的差异性，但水质不同也在其中占据着极大权重。如果退回去 10 年，莫说是在咱们中国，便是欧美等咖啡消费发达国家，咖啡从业者们也少有人研究咖啡冲泡用水。咖啡水质确实是这几年突然"热闹"起来的一个全新领域，我们越来越意识到，冲泡用水与咖啡品质休戚相关，咖啡不好喝是豆子问题吗？是磨豆机问题吗？是咖啡机问题吗？很多时候水质已经成为一杯咖啡呈杯品质中的那块"短板"。

　　20 世纪 70 年代，美国、意大利等国开始出现对咖啡冲泡用水的研究。2003～2004 年，欧美咖啡杂志第一次提到水质是左右咖啡风味的关键因素。随后几年陆续有探讨水中矿物质与咖啡风味关系的文章发表出来。直到 2014 年，精品咖啡业者与科学家合作研究了钙、镁、钠、钾等阳离子在咖啡风味萃取中的作用，第一次明确指出这些正价阳离子不仅可能导致结垢，还有助于风味物质的萃取，并对阳离子的结合能力进行了排序比较。这些研究成果随后发表在一篇名为 *The Role of Dissolved Cations in Coffee Extraction*（溶解的阳离子在咖啡萃取中的作用）"的论文中，掀起了咖啡用水科学研究的风潮，以往被咖啡人畏之如虎、除之后快的"硬度"概念也开始有了新的面貌。

　　2016 年，第一本探讨咖啡与水的专著 *Water For Coffee* 出版，随后不久 SCAE（欧洲精品咖啡协会）将过往数十年间咖啡冲泡用水的零散知识点归纳成册为 *The SCAE Water Chart*，这些无疑成为科学研究咖啡冲泡用水的里程碑。作为一名咖啡从业者，我对此感受颇深，前些年大家对于水质毫不关心，"无色无味"似乎就是全部，这几年各种水质处理、调节和监控设备忽如雨后春笋般涌现出来，关于水质科学的课程或讲座异常火爆，竞技赛场上"玩水"的选手越来越多。调整水质（我们称为"做水"）对于咖啡风味的改善是如此明显，以至于越来越多的咖啡师乐此不疲。

　　此时我们在讨论冲泡用水时，已然意识到这是新咖啡师人群最迫切需要掌握的核心知识和技术手段，是在出品端脱颖而出，赢得竞技赛事或顾客芳心的不二利器。

　　从唐代陆羽的《茶经》开始，古人便深谙水是茗茶色香味的重要载体，水质的好坏会直接影响茶汤的风味和品质。清朝人张大复在《梅花草堂笔谈》中写道："十分茶七分水，茶性必发于水，八分之茶，遇十分之水，茶亦十分矣；八分之水，试十分之茶，茶只足八分耳。"传至今日，几乎每一位喝茶人都能认识到水对于泡茶的重要性，导致茶汤香变、色变、味变、韵变甚至产生沉淀，水质在茶饮中的研究更是当下的热门科研领域之一。在拥有接近 5 亿茗茶消费者的中国，咖啡消费正在快速升温，咖啡消费人群日渐庞大，很多过往在泡茶与品茶中形成的宝贵经验其实也可以借鉴到咖啡冲泡和品鉴中来，就比如上述这番认知。

02

怎样理解水体循环的概念?

解答这个问题，需要从水循环说起。我们生活的这个世界里，水体循环由庞大的自然 — 社会二元水循环系统组成。其中，自然水循环子系统主要由降水、地表、土壤、地下水、河流等部分组成，社会水循环子系统则主要包括供水、下水道、污水处理等部分，两者相辅相成，不可分割。

我们可以将自然界中的水循环看作是这一切的起点，蒸发作用产生的纯水在上升过程中开始与空气中的二氧化碳结合形成碳酸，因此冷凝降落的雨水通常都呈现弱酸性，pH 通常在 5.7 或更低。雨水降落后与岩石、土壤等结合，发生一系列渗透作用，其中部分矿物质缓慢溶解到水中，进一步复杂化了水中的成分。这使得自然界中的水除了水分子，还同时包含无机离子、溶解性气体、溶解性有机物等化学物质，泥沙、胶体和悬浮物等固体物质，以及细菌、病毒等生物物质，这样的水必须经过净化处理才

自然水循环示意图

能饮用。不同地区自然地理条件的差异，使得自然循环得到的水质差异巨大。

　　自然水循环子系统只是水体循环的一部分，我们再来看社会水循环。最早人们都是临水而居，到了城镇时代，人们将水引入城市，这才有了城市水系统，发展至今已逾 2500 年。第一次城市水系统革命发生于第一次工业化浪潮的欧洲城市，当时的水系统还是基于罗马帝国时代的城市排水管道系统，霍乱、伤寒等水媒疾病肆无忌惮地威胁着人类的健康。有意识地进行饮用水处理意味着第二次水系统革命的到来，而污水处理厂的兴建则是今日的巨大成就。比如说在以色列，沿海地区建有众多的海水淡化处理厂，淡化处理后的水会直接引入全国输水管网系统，全国超过半数的污水净化处理后，还能重新使用，再度纳入这套管网中。在北京，目前主要工作是上游水源地的生态治理，涉及 14 个流域，如此众多而又不同的水源经水处理后再通过用户管网（管网的新旧也会影响水质）进入千家万户，导致城区各处小区居民家中水质差异巨大。

　　根据我国《生活饮用水标准检验方法》中的各项要求，水质检测主要包括色度（≤15）、浑浊度（≤1NTU）、肉眼可见物（无）、pH（6.5 ~ 8.5）、总硬度（以 $CaCO_3$ 计，≤ 450 mg/L）、溶解性总固体（≤ 1 000 mg/L）、硝酸盐氮（≤ 10 mg/L）、亚硝酸盐（≤ 0.1 mg/L）、菌落总数（≤ 100 CFU/mL）、大肠菌群（不得检出 MPN/100mL）、铁（≤ 0.3 mg/L）、锰（≤ 0.1 mg/L）等指标。

03 ⟩

为什么需要设计购置一套水处理系统？

正是因为极为复杂的自然 — 社会二元水循环系统的存在，使得大家身边的自来水千差万别。同一款、同一批次烘焙的咖啡豆，在同一城市不同咖啡馆里冲泡尚且风味有差异，更遑论在全世界各地的不同咖啡馆里冲泡。怎么解决这个问题呢？要么不惜成本去购买桶装水（瓶装水），要么对入户自来水进行处理。前者临时解决问题，后者则彻底解决问题。因此，有针对性地设计购置一套水处理系统，使得水质稳定、健康且符合咖啡冲泡风味所需，是一件十分重要且迫切的事情。

需要补充强调的是，如今家用净水器的普及率已经很高，但普通家用净水器是否一定等同于本文提及的水处理系统，还需要做具体参数分析。此外，家用净水器务必定期维护保养，及时更换滤芯，否则起到的是反效果。已有研究发现，很多家庭净水器过滤壶的水质，亚硝酸盐含量及细菌总数均显著高于过滤前水质（亚硝酸盐含量与细菌总数含量存在正相关，有一种亚硝酸细菌能把水中的氨氧化成亚硝酸），pH 含量显著低于过滤前水质（能有效过滤水中化学污染物含量的家用净水器，过滤后水质普遍偏酸）。长期饮用这种过滤水或者用这种水冲泡咖啡，也可能会对人体造成一定的伤害。究其原因就是如上所说的保养更换不及时。

04

怎样理解冲泡水质
与咖啡品质之间的关系?

　　与咖啡冲泡萃取相关的水质科学是一个全新话题,理解的难点在于厘清思路,构建一个完整的思考框架。

　　一方面,我们需要重新去认识水。对于我们的咖啡冲泡用水,H_2O 只是溶剂,其中包含离子式溶解的电荷区物质、分子式溶解的气体区物质,以及无电荷区物质。第一部分电荷区物质包括钙、镁、钠、钾等正价阳离子,以及碳酸根、碳酸氢根等负价阴离子。天然水质必须保持中性,因此正负电荷总量应相同。第二部分气体区主要是溶解其中的二氧化碳、碳酸等。第三部分无电荷区则主要是硅酸盐以及其他有机化合物,通常占比极低。如上这些物质在水中的存在及多寡,使得在萃取咖啡之前的水本身就是有感官差异的。

　　另一方面,我们需要意识到咖啡中的萃取物是由水溶性物质与挥发性物质组成,它们共同构成了香气、味道、体脂感等感官体验,也就是所说的咖啡风味。冲泡用水中的某些成分对于结合这些风味物质有帮助,有些成分虽对萃取没有直接帮助,但有感官上的加成或消减作用,同样不可忽视。有的时候,我们为了实现萃取率而被迫拉长萃取时长,这样做存在降低咖啡风味和品质的风险,而水质则是罪魁祸首。

水质成分特征分析图

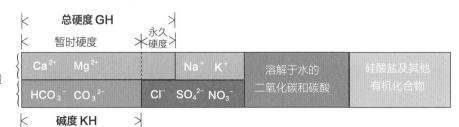

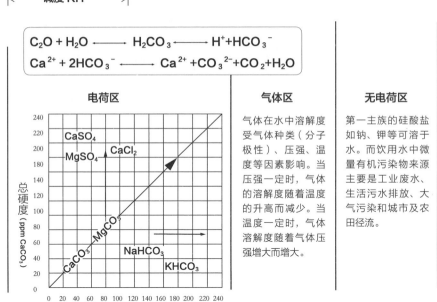

05

未经过滤的自来水
能用来冲泡咖啡吗?

2006 年 12 月,我国批准发布了《生活饮用水卫生标准》(GB5749-2006),并自 2007 年 7 月 1 日起实施至今。生活饮用水标准基于如下三个原则:第一,确保流行病学安全,即要求生活饮用水中不得含有病原微生物,应防止介水传染病的发生和传播;第二,水中所含化学物质和放射性物质不得对人体健康产生危害,不得产生急性或慢性中毒及致癌、致畸、致突变等潜在远期危害;第三,感官性状良好,能够被广大饮用者接受。

入户自来水属于生活饮用水,纵使未经进一步过滤,也可以用来冲泡咖啡,至少值得你尝试冲泡一番。如果你冲泡后品尝觉得结果令人满意,那么也是可以长期使用的,任何水质处理设备的目的是对其进行优化,使得冲泡结果锦上添花。毕竟优质咖啡豆数量有限,值得我们倍加珍惜,我们最终的目的是找到最适合呈现咖啡风味的冲泡用水。举个例子,铂澜咖啡学院北京校区的自来水用 TDS 检测在 220~270ppm,而铂澜广州校区自来水的 TDS 值在 115ppm 左右,进一步检测发现两者碱度相当,主要差异体现在总硬度上。过滤处理后,两者给冲泡咖啡带来的主要影响是风味浓郁度上的差别。

中国、美国、加拿大、欧盟和世界卫生组织的饮用水规定比较　　　　　　　单位：mg ／ L

污染物	中国标准	WHO 标准	欧盟标准	美国标准	加拿大标准
氯化物	250	250	250	250	250
硫酸盐	250	400	250	250	500
Cu	1.0	1.0	0.100 at WTP 3.0 after 12 hours in pipe	1.0	1.0
Fe	0.3	0.3	0.0250	0.3	0.3
Mn	0.1	0.1	0.020	0.05	0.05
Zn	1.0	5.0	0.1000 at WTP 5.0 after 12 hours in pipe	5	5
pH	6.5 ~ 8.5	6.5 ~ 8.5	6.5 ~ 8.5	6.5 ~ 8.5	6.5 ~ 8.5
TDS	1000	1000	NS		500

注：WTP 指污水处理厂（Water Tre atment Plant）；NS 表示没有标准

06

萃取咖啡风味前的纯水
是什么味道呢？

有人说这个问题太简单了，纯水没有任何味道。这样说也不全对，尤其是如果将"味道"一词换作"风味"，还真能做一些差异化的感官描述。

纯水中矿物质含量在 100mg/L 时，它是温和且纯粹无味的。当纯水中矿物质含量越来越少、逐渐趋于 0mg/L 时，品尝起来会越来越轻盈且寡淡，甚至给人空落落的感觉，也就是所谓的空乏感。相反，随着纯水中矿物质含量的增加，你可能会逐渐感受到些许苦味、咸味、尖锐感、涩感和余韵。

如果水中的氧气含量低于 5mg/L，就会产生不新鲜的口感，也就是常说的"死水"。因此，生活饮用水的水质标准规定了含氧量 > 6mg/L。

水中的二氧化碳含量如果达到或超过 30mg/L，就会明显感受到鲜爽的新鲜感，甚至是尖锐感。冲泡用水中二氧化碳的含量通常为 5～20mg/L，如果水中二氧化碳与空气中的二氧化碳完全达到平衡，则二氧化碳溶解量仅剩 0.4mg/L，但不要忘了咖啡熟豆中还含有大量的二氧化碳，冲泡的过程中会大量释放并溶解到水中。

如果我们把研究对象从纯水扩大到生活饮用水的话，更多的有机和无机物质都会影响水的感官品质，而它们的存在浓度只要在标准允许的范围内就是安全可饮用的。有人专门设计了饮用水嗅味轮来对应致嗅物质（有机因子），并描述可能存在的感受：霉味、氯味、草木味、沼气味、鱼腥味、芳香味、药味和化学用品味。而无机因子则与各类无机盐的浓度有关，不同类型和浓度的阴阳离子味感与口感均不相同，上文中矿物质含量带来的水质口感变化就是论述的这一话题。

07

经常看到 TDS 水质检测笔，
TDS 究竟是什么呢？

总溶解性固体浓度（Total Dissolved Solids, 简称 TDS）是溶液中离子、分子、化合物总量的度量指标，但不包括悬浮物和溶解气体，单位为 ppm 或 mg/L（毫克 / 升）。当测试水温低于 45℃时，这两个计量单位之间可以通用，这也是在实践中我们常将两个单位混用的原因。我国《生活饮用水卫生标准》（GB5749-2006）中对此给出的上限是 1000mg/L，一般来说，自来水、净化水、山泉水等都在此范围内，更不用说纯净水。

与 TDS 类似的概念是电导率（EC），这是以溶液转移电流能力为度量的离子活度。由于生活饮用水不经过去离子纯化的过程，因此不考察电导率指标。而对于在符合生活饮用水标准的原水基础上制成的纯净水来说，"纯净"二字是其最基本的要求，金属元素和微生物过高，都会导致电导率上升。所以，电导率会取代 TDS 成为纯净水最重要的特征性理化指标。在我们关注的咖啡冲泡用水中，TDS 数值大约等于 EC 数值的一半。

售价几十元的 TDS 水质检测笔是大家最常用的水质检测设备，通常可以同时读取到 TDS 与 EC 数值。但须知 TDS 检测笔是很不准确的设备，且并无具体物质成分的任何信息——TDS 数值高，仅代表有更多物质溶解于水中，但究竟是什么物质，对人体有益还是有害则无法判定。《SCA 水质手册》认为，由于设备精确度、检测温度、是否校正等一系列问题难以规避，常规手段的 TDS 检测存在着正负 30% 的误差（极端情况下误差幅度超过 50%），简单将其作为咖啡冲泡用水标准并不合适，还需进一步细化说明。

08

水的硬度是指什么?

硬度(Hardness)代表水的强度,是影响冲泡水质的三大关键性指标之一(其他两个指标是 pH 和碱度)。钙离子、镁离子、铁离子、钾离子、锰离子和钠离子是地下水中最常见的几种金属离子,它们也是硬度的主要贡献者,但其实除了钙、镁离子,其他含量一般都较低。正因为钙与镁这两种多价阳离子是天然水中硬度的最主要组成部分,非严格情况下,水中总硬度(Total Hardness)等同于钙、镁离子总量,其中钙硬度约占 85%,镁硬度约占 15%。我国《生活饮用水卫生标准》中对水的总硬度的要求是 550mg/L 以内(以 $CaCO_3$ 计)。

这些金属阳离子在水中比我们想象的还要活泼自由地移动着,有附着在负电荷区域的倾向,它们能够提高含氧化合物的萃取效率,有助于萃取咖啡风味。此外这些金属阳离子非常容易沉淀,硬度在工业上是衡量潜在沉降物的重要指标,比如加热高硬度的水就会导致碳酸钙沉淀,从而形成水垢。使用咖啡机时尽量使用软化后的水,就是为了避免水垢堵塞管道,降低系统传热系数,并改变管路中水流的摩擦系数。

难溶性无机盐在咖啡机锅炉和管道内壁结垢一直是必须面对的严重问题,商用全自动咖啡机一般会有结垢警示灯和完善的除垢操作功能,并配备专门的除垢剂。食品级除垢剂如柠檬酸等也是咖啡机、手冲壶等日常保养所必不可少的物品。与此同时,安全且经济的阻垢手段更是过去数十年研究的重点方向。阻垢剂的种类非常多,主要功能基团多为羧酸基和膦酸基,另有一些用以增强阻垢剂亲水性和分散性能的辅助基团。功能基团不仅能与水溶液中的钙、镁离子形成稳定的络合物,同时还能与碳酸钙晶体中的阳离子作用提高垢盐在水中的溶解度,从而不容易沉淀析出。目前咖啡行业广泛使用的很多水质处理设备中都能看到它们的身影(如阻垢滤芯等)。

09

为什么有些咖啡师通过添加钙镁化合物来调整水质？

　　首先，我们看一下萃取咖啡前，冲泡用水中钙、镁离子带来的直接感官影响。世界卫生组织（WHO）指出，水中钙离子的味阈浓度范围是 100~300mg/L，$CaCl_2$ 浓度 <120mg/L 或者 $Ca(HCO_3)_2$ 浓度 >610mg/L 或者 $CaCl_2$ 浓度 >310mg/L 时口感不佳；水中镁离子的味阈浓度范围是 100~500mg/L，$MgCl_2$ 浓度 <47mg/L 或者 $Mg(HCO_3)_2$ 浓度 >58mg/L 时口感不佳；水中钠离子的最佳浓度是 125mg/L，一般以 $NaHCO_3$ 和 Na_2SO_4 的形式存在。

　　其次，我们意识到冲泡用水中钙、镁离子的总量和浓度对于萃取咖啡影响很大。尤其是 2014 年以来，前文提及的 *The Role of Dissolved Cations in Coffee Extraction*（溶解的阳离子在咖啡萃取中的作用）系列文章的发表和传播在精品咖啡圈影响巨大，人为添加钙镁化合物更是蔚然成风。

　　第一，冲泡用水中钙、镁离子的吸附结合能力使得它们的存在有助于萃出咖啡风味物质。随着钙、镁离子含量的增加，咖啡风味也会相应增加——香气、甜味、酸味和体脂感等都相应增强，直至水质中钙镁离子浓度达到某个临界点后，这种正相关趋势才被打破，开始呈现出明显的负面性。

　　第二，咖啡熟豆中除了好风味，也有令人不愉悦的负面风味，实际萃取中水质钙、镁离子的最佳浓度显然要远低于这个临界点才符合要求，超量添加显然并不好。

　　第三，将钙、镁离子进行对比发现，镁离子对于核心咖啡风味物质的结合能力较之钙离子还略胜一筹，各种添加镁盐"人为调制水"的做法便是源自这一点。

10

什么是水的 pH ?

pH 也就是酸碱度，以中性纯水 pH 等于 7 为界限，pH 小于 7 为酸性，pH 大于 7 为碱性，我国生活饮用水卫生标准中对 pH 的要求是不小于 6.5 且不大于 9.5。pH 与生活方方面面都有关系，人体正常 pH 为 7.35～7.44。我们日常饮食以酸性偏多，一杯黑咖啡的 pH 就在 5.0 上下，而据说 pH 每出现 0.2 的差异，风味上的差异就可能放大至 200 倍。

pH 是水处理中十分重要的、描绘溶液酸碱性的度量指标，我们通过对氢离子浓度进行测量得到 pH，而水中氢离子浓度则与水分子解离程度关系密切。在标准温度（25℃）和大气压力下，pH 等于 7 的水溶液为中性，这意味着每 5 亿个水分子中才有 1 个解离的 H^+。

人们在较为理想的饮用水温度区间（15～25℃）下研究发现，适口的 pH 范围应在 6.8～8.5 之间，过高或者过低都可能出现苦味。pH<6.5 时，会出现金属味；pH>8.5 时，会出现滑腻感或类似苏打水味感。

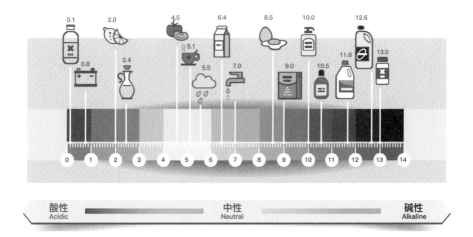

酸性 Acidic   中性 Neutral   碱性 Alkaline

11 ⊃

水的碱度是指什么？

碱度（Alkalinity）是水抵抗 pH 变化能力的量度，是水质变动的缓冲因子，在咖啡感官科学中，我们称其为酸的缓冲能力（Acid buffer capacity）。

首先，碱度最主要的来源是碳酸氢根离子和碳酸根离子，总碱度越高，越有利于淡化令人感到不愉悦的刺激性的酸质，使之平衡；但相应冲泡的咖啡中酸度越低，可能越缺乏新鲜活力，尤其是滤泡式咖啡，可谓凡事不可过度。早在 2015 年，SCAA 给出的咖啡冲泡用水建议标准中就提到总碱度（Total Alkalinity）控制在 40ppm，以确保水能足够缓冲减少被腐蚀的风险。

其次，微量碳酸氢根和碳酸根离子的存在不仅对于风味平衡十分有益，对于设备维护保养也意义重大。总硬度和碱度值越低，形成的结垢越少。也有咖啡师会调制微碱性的矿物质水（pH=10 左右）专门用来制作冰滴、冷泡等冷萃咖啡，这种碱度略高的水具有一定的杀菌功效，可以使冷萃咖啡的赏味期延长。

12

《SCA 水质手册》
建议的冲泡用水标准是什么?

SCAA(美国精品咖啡协会)科学测定辅以通过专业人员盲测对比的方法,给出了咖啡冲泡用水的建议标准,也就是如今的《SCA 水质手册》(*SCA Water Quality Handbook*)基于国际通用的水质标准,以提升咖啡感官体验、保护咖啡冲泡设备(避免腐蚀、减少结垢)为两大目的,给了我们一些合理建议。

- 无色。

- 无味。

- 无氯残留(氯含量 0mg/L)。

- pH 等于 7(6.5~7.5)。

- 总溶解性固体浓度 (TDS) 为 150mg/L(75~250mg/L)。

- 硬度为 68mg/L(17~85mg/L)。

- 总碱度达到或接近 40mg/L。

- 钠离子含量达到或接近 10mg/L。

SCA 确定了杯测水质标准同样是总溶解性固体浓度为 150mg/L,不过可选范围缩小至 125~175mg/L,建议使用过滤处理后的水或是售卖的桶装水,而不是蒸馏纯净水。一般来说,冲泡用水总溶解性固体浓度超过 300mg/L、硬度超过 150mg/L、总碱度超过 100mg/L 时,都会明显降低咖啡风味品质。而一杯咖啡是否好喝,在一定程度上取决于整体矿化程度(所有矿物质总量)和碱度。

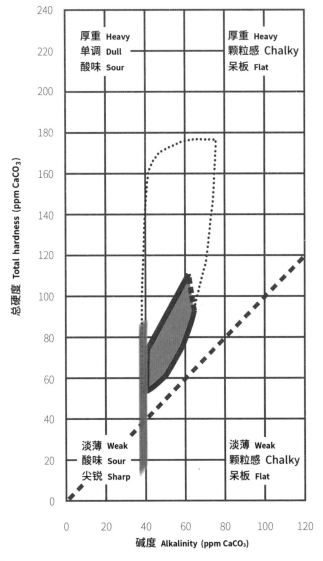

SCA推荐的咖啡冲泡水质核心区域图
SCA "Core Zone" as Recommendation for Espresso Machines and Hot Water Boilers
（意式咖啡机及热水机适用）

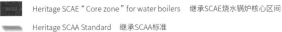 Heritage SCAE "Core zone" for water boilers　继承SCAE烧水锅炉核心区间

Heritage SCAA Standard　继承SCAA标准

••••• Colonna - D . & Hendon

13

怎样对 pH 进行测定?

对现有水质进行 pH 测定是专业咖啡馆或咖啡师必须开展的工作。最简便的方法是使用检测试纸。大范围内模糊检测的广泛试纸作用不大,建议购买测定范围更小的精密试纸。铂澜常用的是 pH 为 6~8 的精密试纸,对照色卡可以做到精确度在 pH0.5 上下。

准确度更高的方法是使用精密 pH 测试剂,能将精确度提高到 pH0.2 以内。如果读者恰好是水族发烧友,应该对于此类产品非常熟悉。使用方法一般为:

／第一步／
用待测水反复冲洗取样器皿（如试管）多次。

／第二步／
取水样（按说明书要求,一般为 10mL ）。

／第三步／
向试管中加入精密 pH 测试剂数滴并摇晃均匀（滴入测试剂的具体量要按说明书要求,一般为 1~2 滴）。

／第四步／
将已经显色的取样试管与色卡对比,色调相同的色标即为待测水质pH。

　　检测 pH 还可以使用 pH 计，每种 pH 计的操作方法略有差异，可根据现有的仪器进行校准与测量。按照仪器说明，先将仪器进行校准，同样操作，用待测水样代替校准液进行测量。由于水的 pH 数值不稳定，往水中加入几滴饱和氯化钾溶液，待数值稳定后就可以读出 pH 了。

　　除了本书提及的咖啡冲泡用水，其实水质对于酿酒影响同样至关重要。如今很多咖啡发烧友、咖啡从业者同时也对精酿啤酒极感兴趣，酿造用水就直接影响着啤酒酿造的全过程，继而决定着成品啤酒的质量和风味，甚至每个卓越的啤酒配方都需要酿造水质、麦芽、啤酒花和酵母的合理搭配，才能酿造出高品质的啤酒来。举例来说，酿造用水的 pH 可取范围是6.5~8.5，与咖啡冲泡用水近似，数值过高或过低，均对糖化不利，造成啤酒口味不佳。对于我们咖啡业者来说，一通百通，随时可以利用现有知识储备来扩展自己的认知领域。

14

怎样对水中余氯进行测定？

目前，给水管道中足够的余氯量还是消灭管内再生微生物的有效手段之一。由于余氯不稳定，容易衰减，国家《生活饮用水卫生标准》中还对自来水厂出水的余氯浓度进行了规定，也就是游离氯的浓度为0.3~0.4mg/L，这样做可以起到抑制细菌滋生的作用。在实际中，很多管道内的细菌未能彻底被低浓度余氯杀死，进入市政管网后随着温度升高（尤其是进入热水系统后）余氯会加速衰减，而生化反应的活化能降低，细菌修复繁殖速度加快，会顺着出水管道与人体接触。由此可见，在咖啡冲泡用水中被十分"嫌弃"、除之而后快的余氯其实对于健康还是有正面意义的。

建议使用精密余氯测试剂来做较为精准（精确度0.1ppm以内）的测定，这个同样是水族发烧友们极为熟悉的水质工具。此外另有水中氨氮与亚硝酸盐的浓度测试剂，不过对于咖啡从业者来说基本用不上。余氯测试剂使用方法与pH测试剂完全一样：

/ 第一步 /

用待测水反复冲洗取样器皿（如试管）多次。

/ 第二步 /

取水样（按说明书具体要求，一般为10mL）。

/ 第三步 /

向试管中加入精密余氯测试剂数滴并摇晃均匀（滴入测试剂的具体量要按说明书要求，一般为2~4滴）。

/ 第四步 /

将已显色的取样试管与色卡对比，色调相同的色标即为待测水质余氯浓度。

15

怎样对水质硬度和碱度进行测定？

水质硬度（GH）和碱度（KH）要使用测试剂做精确检测，建议购置一台磁力搅拌器，将平底取样试管搁置其上做快速滴定。在此我就按目前手边的美国 API GH&KH 检测套装做具体步骤描述：

/ 第一步 /

用待测水反复冲洗取样平底试管多次。

/ 第二步 /

取水样 5mL 至平底试管中。

/ 第三步 /

将平底试管搁到磁力搅拌器上，开机做旋转搅拌。

/ 第四步 /

垂直加入 GH 或 KH 测试剂，一次一滴，观察颜色变化的同时记住已经滴入了多少滴。如果没有磁力搅拌器的话，每次滴入一滴后都要盖上盖子摇晃，让测试剂均匀融合。

/ 第五步 /

如果滴入的是 GH 测试剂，就要观察试管中的水样何时从黄色恰好变成绿色，并记下此时共计滴入了多少滴。如果滴入的是 KH 测试剂，就要观察试管中的水样何时从蓝色恰好变成黄色，并记下此时共滴入了多少滴。

/ 第六步 /

计算并得到结果。共计滴入了多少滴，便等同于多少个德式硬度，而1个德式硬度换算为 17.9ppm。假如我们恰好滴入了 10 滴导致变色，那么等于 10 个德式硬度，即 179ppm。

16
我们该怎样做水质调整呢?

首先,我们需要对现有水质进行参数测定,明确接下来的调整思路。pH、硬度和碱度是三大核心要素。除了前文介绍的使用试剂滴定做检测,还可以购买一些诸如哈希五合一试纸等工具做快速测定,只是精确度略逊或费用较高。

其次,冲泡用水不能有异味。余氯可以用测试剂来检测,活性炭可以去除冲泡用水中可能残存的原本用来消毒的氯气或氯化物。根据结合剂的不同,氯也有不同的味道和感官阈值。如果咖啡冲泡用水中有氯气存在,哪怕感受不出来,萃取出来的咖啡液中也很可能存在氯化物的负面风味,氯化物可以与咖啡的香气发生反应,这些相互作用会改变咖啡香气。

再者,调整水质有技术层面的需求。经过调整后的水质可以大幅减少因咖啡冲泡萃取设备加热带来的损害。看得见的结垢或腐蚀固然是损害,还有可能存在某些看不见的腐蚀,导致有害物质溶解,给饮用者带来身体上的损害,问题就更严重了。

此外,我们还要考虑感官层面的问题。通过调整水质的硬度和碱度可以让萃取出来的咖啡风味呈现最佳。SCAE水质范围表(SCAE Water Chat)以碱度为横轴、总硬度为纵轴,综合考虑了如上诸多方面的要求,给出了一个建议的水质区间范围,是现阶段咖啡师进行水质调整的最佳目标。

最后,在某些特殊冲泡场合下,我们也可以将不同的水质(如大品牌的瓶装水、桶装水)做混合调配,获得我们所需要的、较为稳定的冲泡用水。

冲泡萃取篇
CHAPTER 3

01⟩

咖啡冲泡方法分为哪几类?

全世界冲泡咖啡的方法五花八门，难以尽述，但是最典型、最广泛、最具代表性的有三大类：煮制咖啡、滤泡咖啡和意式咖啡。

煮制咖啡又可以叫作沸煮咖啡，最典型的便是土耳其式咖啡。它是将极细研磨的咖啡粉浸泡在水中煮沸而成，萃取过程水温达到100℃，这种咖啡才是真正"煮"出来的。多数人习惯用风味出众、文化内涵深厚、影响力很广的土耳其式煮制咖啡（Turkish-Style Boiled Coffee）来做煮制咖啡的"代言"。但实则类似的咖啡冲泡方法并不由土耳其专美，至今还广泛流传于埃塞俄比亚、希腊以及阿拉伯地区等，当年美国为人诟病的"牛仔咖啡"也是这般将咖啡壶架在火上沸煮。

在常压或接近常压下，将咖啡粉直接浸泡于水中萃取，或者依靠咖啡粉自身重量进行过滤萃取的冲泡方法统称为滤泡式咖啡（Brewing Coffee），它们是精品咖啡运动之下的宠儿，也是今天最受亚洲咖啡爱好者欢迎的咖啡冲泡方式。滤泡式咖啡又可以具体分作滴滤式咖啡（Drip Brewing Coffee）和浸泡式咖啡（Immersion Brewing Coffee）。法压壶、虹吸壶、爱乐压、手冲（Hand Drip）、聪明杯、Chemex壶等绝大多数小型咖啡设备器具都应归入此类。滤泡式咖啡浓度一般都不高（2%以下），色泽较为澄澈透亮，冲泡与品尝方式都非常类似茗茶。

意式咖啡则属于典型的加压萃取式咖啡（Pressurized extraction），这是一种通常使用咖啡机高压萃取制作出来的咖啡，是全球三大咖啡冲泡流派中当仁不让的"老大哥"，也是咖啡师的传统核心基本功。意式浓缩咖啡无疑是意大利人的最爱，又具体分作Espresso、Lungo和Ristretto

三种，但终归是小小的一份，加糖搅拌后两三口直接饮用完毕，早上如果没有一两杯下肚，简直可以成为合法罢工的理由了。其他国家和地区消费者则往往受不了意大利人那种分量少、浓度高、口感烈的饮品，直接兑水改变浓度辅以调整萃取率的话，就有了 Americano、Long Black、Caffe Crema 等各种意式黑咖啡。更为常见的饮用方式则是基于意式浓缩咖啡直接添加牛奶、奶沫等制成奶咖或其他花式咖啡。基于意式浓缩咖啡的咖啡饮品大家庭是目前全世界绝大多数咖啡馆的主力营收来源，绝大多数咖啡师都以此为核心来制作咖啡，并由此派生出牛奶拉花艺术等很多内容来。

欧洲家庭过去喜欢使用的摩卡壶较为特殊，其设计结构使得萃取时密闭空腔内能够产生略微超过一个大气压的增压效果，使得咖啡口感更加浓郁，成为暂时替代 Espresso 的浓黑咖啡，早餐时用来调制奶咖非常不错，但我通常还是将其纳入滤泡式咖啡范畴。

D 特压在浸泡萃取中
融合了一些滴滤萃取原理

02

滤泡式咖啡分为滴滤式与浸泡式两种，
它们有什么区别呢？

　　浸泡式也被称作完全浸泡式，与日常泡茶方式基本一致——咖啡粉被完全浸泡在水中，获得更加一致地萃取对待，风味物质在此过程中慢慢释放出来，最后过滤掉咖啡渣即可。法压壶、聪明杯、虹吸壶、Eva Solo、爱乐压、Bunn Trifecta，以及做感官评估时使用的杯测都属于此类。相比而言，浸泡式咖啡对于设备器具和冲泡技巧的要求不高，稳定可靠是其最大特点，萃取时咖啡液浓度的提高是建立在平均萃取率更加平缓的提升过程中。

　　各种手工冲泡、美式滴滤机等则属于滴滤式萃取（又叫作重力滴滤），滴滤萃取总的来说需要更多冲泡技巧，不仅需要控制咖啡粉与水接触的时长，还需要保证咖啡粉得到了一致性的萃取对待。正是因为这一点，手冲咖啡看起来简单，但是冲泡起来千人千面，新手想要冲好必须经历较长时间的揣摩练习。

　　浸泡式萃取时，咖啡粉会接近饱和地吸收更多的水，一般默认看作1∶2.5，即平均1克咖啡粉吸水2.5克。滴滤式萃取时，咖啡粉吸水显然没有浸泡式那么多，一般设定为1∶2，即平均1克咖啡粉吸水2克即可。仅仅看到吸水量还不够，我们还要看看咖啡粉中吸收的水究竟是什么。在做滴滤式冲泡时，冲泡用水是在重力作用下不断从上往下冲刷，咖啡液浓度不断下降，咖啡渣中最后吸附的水可以看作是未经参与萃取的。而浸泡式冲泡则不同，冲泡用水全部参与了萃取全过程，最后过滤的咖啡渣中吸附了与成品浓度一致的咖啡液。

浸泡式萃取与滴滤式萃取两者之间的这些差异会反应在萃取率计算上，而表现在同一张冲泡控制表上，纵使采用完全相同的粉水冲泡比例，滴滤式萃取与浸泡式萃取也是两条斜率并不相同的直线。SCA 通用的冲泡控制表则主要是针对滴滤式冲泡设计的，如果应用到浸泡式冲泡则会有些许误差。

我们将萃取率 18%～22% 的金杯萃取区间看作横坐标范围，将浓度 1.15%～1.45% 看作纵坐标范围，假定在高质量萃取的前提下，根据实践和简单计算不难得到结果，一般来说，浸泡式萃取较之滴滤式萃取需要更大的粉量或更少的冲泡用水。1∶14～1∶20 是滴滤式实现金杯萃取的粉水比选择范围，越是靠近这个范围区间的中间值，越容易实现金杯萃取；而 1∶12～1∶18 则是浸泡式实现金杯萃取的粉水比选择范围，同样越是靠近这个范围区间的中间值，越容易实现金杯萃取。

03

比较少见的土耳其式咖啡有哪些特色？

土耳其式煮制咖啡多做偏深度烘焙、极细研磨，将咖啡粉与冷水置于上窄下宽的长柄黄铜壶状器皿（cezve 或 ibrik，中文叫作"伊布里克"）中，再置于明火上、热炭或热砂里熬煮。很多时候我们会在煮制之初或煮制过程中添加一勺砂糖。当然，如果你恰巧遇到了一位十分讲究的土耳其咖啡师，他或许还会给你纠正放糖的多寡。严格来讲，咖啡粉与糖不同的比例会有不同的风味，也会对应不同的专有名称来称呼，非常复杂。煮制过程中完全不加糖的黑咖啡叫作"斯凯特"，倒是比较少见。

　　待得伊布里克中的液体沸腾后离火，冷却后再煮沸，如此反复多次，直至形成漂亮的褐色油脂附着于咖啡液表面即可，其间可能添加香料（如豆蔻）以增加风味。土耳其咖啡从烘焙到研磨萃取的独特性使得其风味物质构成与其他流派迥然不同，比如说呋喃、吡嗪、吡咯和苯酚等化合物就更高一些，使得香气、风味、体脂感和余韵都有独到之处。土耳其式咖啡因其特有的仪式感以及与众不同的风味呈现，在今天的精品咖啡馆里有卷土重来的可能性。现如今，北京、上海等地均有提供土耳其式精品咖啡出品的咖啡馆，只是加热装置多用更加安全的卤素灯来代替。

04

土耳其咖啡有哪些文化内涵?

　　如果说让全世界人民投票列举三个最注重美食的国家,我们中国和法国高票当选在情理之中,得票数仅次于中法的很可能便是土耳其了。这个扼守亚欧大陆咽喉、位于丝绸之路要塞的古老国度,其地理条件和自然条件出众,物产丰富,葡萄酒、烤肉、甜品、面包、香料等都闻名世界。除此以外,土耳其人喜欢喝红茶,热爱咖啡,咖啡和茶文化都十分深厚。曾经有一位英国知名作家这么说过:土耳其咖啡是 18 世纪以前全世界唯一正确的咖啡饮用方式。

　　土耳其咖啡更加令人着迷的是其文化内涵丰富,女孩子给小伙子做咖

啡时，放糖越多越代表心有所属；而如果小伙子喝到了咸味，那就赶紧溜之大吉吧。基于这种煮制咖啡形式，土耳其还诞生了咖啡占卜等。比如将喝完咖啡的杯子直接倒扣在杯碟之上，再观察杯碟上留下的图案即可做占卜之用。据说有些人早上出门前必须制作一壶浓浓的土耳其咖啡，喝完咖啡后，直接将沉淀于杯底的咖啡渣盖在盘子上，根据其上形成的图案来占卜当天的运势。如果图案呈现圆形，就代表当天会有好运气；如果杯底与盘子粘连在一起，那么你的运气将好到爆棚！

与土耳其咖啡占卜有关的还有几点：周二和周五最适合进行咖啡占卜，周日和节假日则不建议进行；建议使用纯白色咖啡杯，花色咖啡杯不合适；求占卜者必须亲口喝下这杯咖啡并在心中虔诚祷告；占卜师则建议由女性充当。此外，每次正式起卦占卜建议相隔 40 天。

05

经常听到冲泡和萃取两个概念，它们有什么区别吗？

冲泡（Brewing）和萃取（Extraction）本质上是一码事。冲泡是实现萃取的具体动作，萃取则是冲泡的最终目的——将咖啡熟豆中的风味物质抽取出来并溶解到水中，进而得到咖啡液的过程，故此萃取又常称作萃出。

咖啡熟豆的主体是完全不溶解于水的多糖（木质纤维素），可以理解为冲泡完成后剩余的咖啡渣，而能够溶解于水的风味物质其实只占少许，是构成一杯咖啡的主要内容。当然这其中依照人的感官喜好又分作好的风味和不好的风味，还需要再进一步做取舍。用多少水对应多少咖啡（粉），在什么条件下能够得到一杯好喝的咖啡，着实不是一件简单的事情，既涉及科学成分定量分析，又涉及人的感官描述和定性评估。

早在第一次世界大战期间，咖啡便是最受美国士兵欢迎的饮品之一，且总是供不应求。美国军方曾专门设定了"咖啡冲泡技术标准"：5 盎司咖啡粉对应 1 加仑热水来冲泡，约合 1：26.7 的粉水比例，这显然严重违背今天的咖啡冲泡常识。这样做出来的咖啡风味、口感之寡淡与古怪可想而知。美国军方还要求士兵们只能将冲泡出来的咖啡喝去一半，保留咖啡渣在其中待用，再按照接近 1：45 的粉水比例（3 盎司咖啡与 1 加仑热水）继续勾兑饮用。

20 世纪中叶以来，欧美很多咖啡专家开始系统研究咖啡萃出率与风味之间的关系，即究竟将咖啡中占比多少的物质萃取出来时，咖啡最好喝？其中最为知名的便是 1952 年美国麻省理工学院化学博士洛克哈特（Lockhart）领衔创办的美国国家咖啡协会（National Coffee Association，简称 NCA）旗下的咖啡冲泡学会（Coffee Brewing Institute，简称 CBI），专门从事咖啡萃取研究；1964 年又领衔成立咖啡冲泡中心（Coffee Brewing Center，简称 CBC)继续相关研究工作直到 1975 年。今天广为人知的金杯萃取标准便归功于 CBI 与 CBC。

06 ⟩

萃取率究竟是什么意思?

萃取率（Extraction Yield）又叫萃率、萃出率或萃取程度，描述的是咖啡粉中实际被萃取出的固体可溶物（Dissolved Solids）所占比例的多少。可以这样计算：冲泡前计算咖啡粉克重 A，冲泡完成后将咖啡残渣放入烤箱彻底干燥，再重新称量克重 B。A 与 B 相减获得的差值就是溶解到水中的咖啡风味物质总量 C。将 C 作为分子，冲泡前的克重 A 作为分母，就能得到萃取率了。这种方法看似拙笨费时，实际效果却很好。

阿拉比卡咖啡熟豆中有 28%～30% 的物质可以溶解于水中，剩余约70% 则是完全不溶于水的纤维质；而罗布斯塔咖啡熟豆中可溶解物的占比略微高过阿拉比卡，其最大萃出率要更高一些。

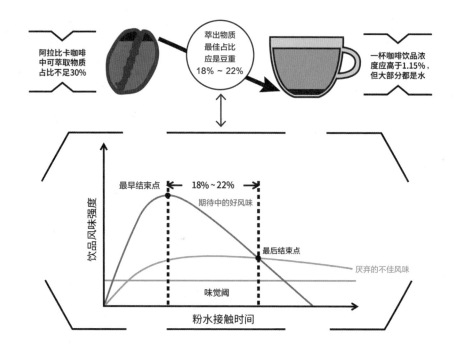

07 ⟩

什么是萃取不足、
理想萃取与萃取过度？

固定质量的咖啡粉中携带的风味物质总量是恒定的，我们在冲泡过程中将它们徐徐萃取抽离到咖啡液中。在此前提下，萃取不足、理想萃取和萃取过度都是针对萃取程度的定性描述，是萃取率逐渐增加过程中的三个阶段。

如果从咖啡中萃取出的风味物质不够，还有很多原本应该萃取的好风味没有来得及抽取出来，那么这杯咖啡的呈杯风味往往就单薄、空洞，风味不足，甜度不够，还常常伴随有酸涩，我们将这种情况称为萃取不足（Under Extraction）。

如果从咖啡中萃取出的风味物质过多，除了应该萃取出来的好风味，还有一些不好的风味也一并萃取出来了，那么咖啡品尝起来会有苦涩、浑浊、不干净等负面感觉，我们将这种情况称为萃取过度（Over Extraction）。

在萃取不足与萃取过度之间，存在一个理想的萃取区间（Ideal Extraction Yield），金杯萃取的概念就此浮出水面：一杯阿拉比卡种咖啡的美好风味是由咖啡粉中 18%～22% 的风味物质贡献的，成功的冲泡就是要将萃取率落在这个范围里。

如果将萃取的全过程放在时间横轴（X 轴）的正方向上进行讨论，粉水刚开始接触的刹那为零分零秒，那么接下来，亲水性最好的小分子量风味物质会最先被萃取出来溶解到水中，它们在感官品尝中以酸味为主。接下来则是以甜味为主的风味物质进行溶解，随后才是苦味物质，最后是涩感和其他令人不愉悦的杂味。如果萃取时间过短，那么只有一些单调的酸，甜度不足，其他风味也都稀缺，"萃取不足"指的便是这种情况。随着更多的酸和甜溶解，酸甜平衡，再伴随着适量的其他风味，就代表着萃取合适的"金杯萃取"。如果此时不结束萃取过程的话，则会有越来越多的苦涩和其他杂味溶解进来，"萃取过度"就此形成。但不管怎样"萃取过度"，30% 左右的萃出率上限是一道无法逾越的无形天堑，因为再往后将无物质可以萃出了。

　　需要补充并强调的是，如上一番描述以及后文中针对冲泡控制表（金杯框架）的若干描述都基于一个理想假设——所有被冲泡的咖啡粉都参与了完全一样的萃取过程且萃取率彼此保持一致，也就是萃取质量彼此一致。这种理想假设极大简化了我们的研究，但或许和实际情况有所差异，如果将每一颗咖啡粉当作个体来对比探究的话，过度萃取、萃取不足与理想萃取经常在一次萃取操作中同时存在。

08

咖啡浓度究竟是什么意思?

前文我们在横轴(X轴)方向上探讨了咖啡萃出率的问题,如果想要构成一个基本的二维坐标系,还需要一个纵轴(Y轴)。Y轴讨论的是咖啡液浓度,也就是TDS。

浓度是个化学术语,指的是某物质在总量中所占的分量。咖啡浓度可以使用质量百分比浓度,指每100g咖啡溶液里溶解于其中的咖啡风味物质量(以克计);也可以使用体积浓度,即每1000mL咖啡溶液里溶解于其中的咖啡风味物质量(以克计),两者有3%~4%的偏差。质量百分比浓度使得高精度电子秤有了用武之地,更加便于咖啡师精确冲泡。对于任何饮品来说,恰到好处的浓淡程度都严重关乎顾客饮用体验和接受程度。浓度太低,口感寡淡,没啥滋味,自然不值得去喝;浓度太高,口感过于强烈,各种味道激烈冲撞,也难以接受。

人体味觉感知的三个维度是味觉强度(Intensity)、味觉质量(又叫作味觉品质,Quality)和味觉愉悦度(又叫作情绪效价,Affective Value),三个维度彼此间相互作用影响。我们所说的浓度看似主要影响的是味觉强度,即个体主观感受到的某种味道的强烈程度。实则不然,浓度对于三个维度都有影响,再加上先天基因、后天习性、身体状况与年龄等诸多因素使得个体对于味觉的敏感度差异巨大,导致实际问题非常复杂。

09

萃取率的计算公式是什么?

根据对萃取率概念的理解，我们不难得出咖啡萃取率的计算公式为：

咖啡粉量 (g) × 萃取率 (%) = 萃出物质量 = 咖啡液量 (g) × 浓度 (%)

由此看出：

萃取率 (%) = [咖啡液量 (g) × 浓度 (%)] ÷ 咖啡粉量 (g)

但且容细细琢磨，对于如手冲咖啡等滴滤式冲泡来说，注入的热水流过咖啡粉层，萃取出风味物质，再变成咖啡液来到下方的分享壶中，且萃出的咖啡液浓度越来越低。其中有少许最后注入的新鲜热水被咖啡粉吸附并截留下来，并未过多参与萃取。我们称量下方分享壶里的咖啡液，自然可以吻合上述公式。

但若是浸泡式冲泡，一次性注入的全部热水与咖啡粉混合，通过人为控制彼此亲密接触的时长来达到萃取效果，浓度越来越高，最后过滤掉咖啡渣即可得到咖啡液。但试想此时，咖啡渣中吸附截留的热水是最后关头浓度最高的咖啡液，怎能忽略不计？因此如果细究的话，浸泡式冲泡萃取率的计算公式如下：

萃取率 (%) = [注水总量 (g) × 浓度 (%)] ÷ 咖啡粉量 (g)

很明显，如上两个公式看似合理，但并不精确。我们忽略了咖啡渣中存留的咖啡液，滴滤式冲泡的实际萃取率大于如上滴滤式萃取率计算公式所得，而浸泡式冲泡的实际萃取率小于如上浸泡式萃取率计算公式所得。

10 ⟩
一杯黑咖啡的最佳浓度是多少?

对于一杯咖啡,纵使萃出率处于 18%～22% 的金杯萃取区间,浓度太低或太高都会严重影响呈杯风味。那么最合适的浓度是什么呢? 浓度的问题其实较之萃出率更加复杂,因为与每一名饮用者的年龄、性别、种族、饮食习惯、口感偏好等诸多因素有关,想要回答并不容易。洛克哈特博士领衔的 CBI 和 CBC 为了获得美国民众的咖啡消费数据,在 NCA 等支持下,用了近 10 年时间进行大规模调查取样,随后又进行多轮专家修订,最终确定了 18%～22% 的萃出率区间,并推出美国民众版本的最佳浓度区间:1.15%~1.35%(11500~13500ppm)。

1998 年欧洲精品咖啡协会(SCAE)在英国伦敦成立,再次将金杯萃取区间确定为 18%～22%,而最佳浓度区间则是: 1.2%～1.45%(12000ppm～14500ppm)。如今 SCAA 与 SCAE 已合并为 SCA,SCA 建议一杯滤泡式咖啡浓度应高于 1.15% 并符合感官评估结果。

那么,最适合国人的咖啡浓度在什么范围呢? 这个答案还有赖于广大咖啡师们去做探究,有赖于咖啡从业者们去做统计。可以肯定的是,中国地域广阔,各地饮食文化、生活习惯等差异极大,再加上性别、年龄、职业等因素,纵使有一个合适的浓度范围也应该是比较宽泛的。

11⟩

VST 咖啡浓度测试仪有什么用?

由来已久的金杯萃取理论并不为更多人所接纳,原因便是缺少易于上手的工具来引爆。有人曾尝试用 TDS 水质检测笔来检测咖啡液浓度,结果谬以千里。直到 2008 年,美国 VST 公司推出 MISCO 研发的咖啡浓度测试仪改变了这一切。这个小小的光学折射仪(Refractometer)利用了光学折射屈光原理(使用波长纯粹的钠光),只需数滴冷却至室温的咖啡液,便能一键检测出咖啡液浓度。由于只是咖啡熟豆中微量的二氧化碳和水分无法捕捉到,VST 咖啡浓度仪可以做到常温下误差不超过 0.03%,不仅适用于滤泡式咖啡,意式浓缩咖啡也不在话下,更有 APP 应用可以联动使用。

今天,这个可以托在掌心的小设备已经成为圈内人的标配。正因为咖啡浓度可以如此轻易地获悉,而咖啡萃出率可以通过品尝再结合查阅冲泡萃取控制表来大致测算(至少萃取不足、金杯萃取或萃取过度可以一口喝出来),那么完整的萃取结果就跃然纸上了。更有 VST Coffee Tools 等软件可以下载使用,不同冲泡模式下的二氧化碳占比等参数都可以精确设定,让冲泡咖啡的诸番细节尽数掌握,人类已基本做到了从数据上管理咖啡风味。

12

怎么解读冲泡控制表与冲泡比例?

有了横轴(X轴)代表的萃取率,又有了纵轴(Y轴)代表的浓度,一个完整的二维坐标系便跃然纸上了,我们将其称为滤泡式咖啡冲泡控制表(简称冲泡控制表),也经常被称作金杯萃取框架。

冲泡控制表展现的是坐标系的第一象限——横轴与纵轴正方向,横轴为萃取率,从14%~15%开始,一般到26%左右,自然形成萃取不足、金杯萃取(18%~22%)和萃取过度这三段。纵轴为浓度,一般从0.8%左右开始绘制,一直到1.6%~2%结束,也自然形成过淡、浓度合适(1.15%~1.45%)和过浓这三段。横轴三段与纵轴三段彼此交叉,将画面分割为九个方格区域(我们有时也将冲泡控制表称为"冲泡九宫图"),居中的那个方格,不管是萃出率还是浓度都恰到好处,便是我们追寻的金杯萃取"靶心"所在。

如果仔细观察冲泡控制表,会发现九宫格之外另有一层玄机——若干条从左下方直至右上方的斜线,它们代表着咖啡粉与热水之间的冲泡比例,又叫作粉水比例。我们进一步观察发现,萃出率的中位数是20%,如果按照 SCA/SCAA 的浓度区间（1.15%~1.35%）计算的话，浓度中位数恰好是 1.25%，而 55 克咖啡粉对应 1000 毫升热水的那条斜线恰好可以经过这个点（20%，1.25%）。将此时的冲泡比例以最简分式的形式写出来恰好是 1∶18.18，也经常简化为 1∶18。1∶18 是一个非常重要的冲泡比例，我们在做 SCA 杯测时便是按此标准进行。当满足标准的咖啡熟豆按照要求研磨后（平均 1 颗咖啡豆被分解为 600 个颗粒，平均粒径大小为 850μm），与 200°F（93.3℃）的热水混合浸泡并静置等待 4 分钟，最后过滤获得的咖啡液恰好命中"靶心"——萃出率为 20%，浓度为 1.25%。

本书写作之时，最新版的 SCA 教育体系中更新了冲泡控制表，除了色彩上的优化，最大的改动是将原来斜向的冲泡粉水比例线由"每公升水对应多少克咖啡粉"改为更加清晰直接的比值，如 1∶15，1∶16，1∶17 等，减少了咖啡师实际冲泡时自行换算的麻烦。有人将新旧表格摆在一起对比会发现并不完全相同，这是因为 SCA 调整了咖啡粉吸水率的参数设定，使得表格与实际操作更加契合，我们对此不做深究。

此外，旧版冲泡控制表主要对应的是滴滤式冲泡，比如手冲。如果用来指导浸泡式萃取，则很容易出现萃取过度、浓度不够等问题，比如确定杯测的粉水比。而新版的冲泡控制表可以更加精准地指导滴滤式冲泡，对于浸泡式萃取也减小了些许误差。

最后一点，冲泡控制表的确定是基于微观层面"萃取一致性"这一理想假设的简化结果，即所有被冲泡的咖啡粉都参与了完全一样的萃取过程且萃取率彼此保持一致，也就是萃取质量彼此一致。这种理想假设在实践中势必与真实情况有所差异，如果将每一颗咖啡粉当作个体来对比探究的话，过度萃取、萃取不足与理想萃取经常在一次萃取操作中同时存在。因此，我们应该意识到调整"浓度 — 萃取率"的参数组合只是解决全部问题的开始，不管是提高研磨质量，或是优化萃取质量（一致性）都是值得进一步探索的措施，而科学的感官评估则是引领我们继续前行的一条准绳。

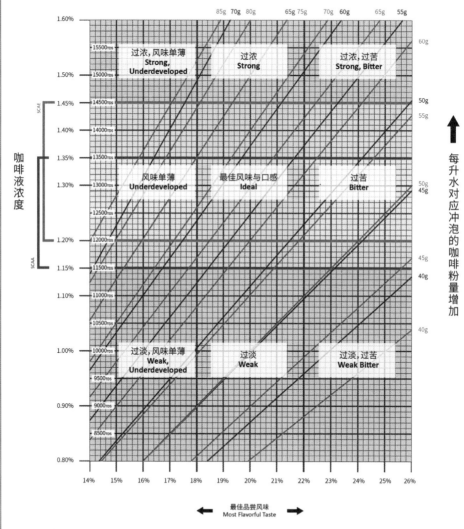

滤泡式咖啡冲泡技术控制表(滴滤&浸泡)
Coffee Brewing Control Chart

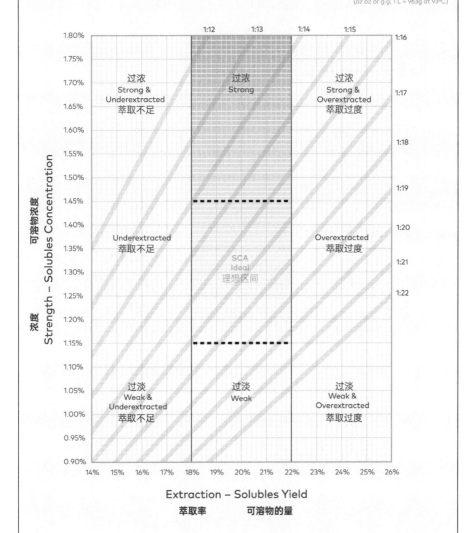

13

咖啡师的每一次冲泡都必须严格遵循金杯萃取吗？

遵循金杯萃取只是学习咖啡过程中的一个阶段。

首先，金杯萃取给了我们一些探讨的方向和基本的实操步骤。我们得以知晓，将一杯咖啡按照金杯萃取区间（18%～22%萃取率，1.15%～1.45%浓度）来出品在很大概率上是能够基本合格的。然后再结合感官评估去做横轴和纵轴的修正，通过调整萃取率来修饰风味，通过调整浓度来调节口感，直至在此范围内找寻最佳的出品点。

其次，固执坚守金杯萃取区间来做每一次咖啡冲泡其实并不好，而一边全盘思考，一边感官评估，一边与金杯萃取框架激烈博弈才是更有意思的事情。一杯咖啡好喝与否最终应该由呈杯风味决定，由咖啡饮用者自己的感官说了算——喜欢喝便是好，不喜欢喝便是不好。单纯的数字只是参考，并不能代表一切，而且每一杯咖啡都严格计算也未免失了些洒脱和趣味。但既然是咖啡科学，确实也要求我们拿出工匠精神和职业态度，先接受束缚，努力学习钻研，等到达了足够境界后再随心所欲，大束缚后方有大自在。

不得不说，金杯萃取确实给咖啡品控带来了无与伦比的价值。现在我们大谈新零售、无界零售，越来越多的无人咖啡店问世，越来越多的全自动智能咖啡冲泡设备出现在我们身边，大抵冲泡出来的咖啡都还算令人满意。你以为都是咖啡师或咖啡专家团队在后台日夜奉献吗？品控环节人的参与自然少不了，但最大功臣应归于金杯萃取等技术标准。

再者，金杯萃取框架正如前文反复提及的那般只是一个理想的简化模型。萃取质量出众，萃取一致性高是其发挥威力的前提。我们需要在研磨、冲泡等各个环节来加以保障，尽可能避免：萃取不足部分"扯后腿"，萃取过度部分"使绊子"等情况。

14

影响咖啡萃取的主要因素是什么?

在假设咖啡豆品质稳定的前提下，咖啡师应该掌握关乎萃取质量的如下七大要素。

（1）冲泡粉水比例。
（2）研磨粗细。
（3）冲泡时间。
（4）冲泡水温。
（5）搅拌及扰流。
（6）过滤方式。
（7）冲泡水质。

3T: 三大冲泡过程控制量

其中前三项可以说是最重要的，控制不好就会一团糟。我们将在下文分别着重说一说。后面几个因素也并非不重要，只是我们考虑问题必须主次有别，要构建一套关于冲泡的思考逻辑。作为一家精品咖啡机构，如上七大要素合在一起便是一份非常严谨的"咖啡出品技术标准"，可以在日常经营实践中加以应用。

15

冲泡粉水比例
对于咖啡萃取有哪些影响？

冲泡粉水比（Brewing Ratio）是构建咖啡冲泡思考逻辑的起点，它在很大程度上决定了最终获得的黑咖啡的浓度（后续兑水稀释除外）和总量（容量）。所有其他因素都应在明确了某个固定冲泡粉水比例（又叫作"粉水比"或"水粉比"）来冲泡的前提下进行，也就是常说的"先选线，再实践"。

为了实现出色的萃取，冲泡控制表格上萃取率（横轴）与浓度（纵轴）的平衡，也就是风味与强度的平衡十分重要，咖啡师需要可控性，挑选一条最佳的冲泡粉水比例线就显得十分必要。我们认为每升水至少需要 50 克咖啡粉来冲泡制作好咖啡，事实上 1 : 10 ~ 1 : 20 都是可能的选择范围，只是更多咖啡师出品时会选择 1 : 15 ~ 1 : 17。明确了粉水比后，有了横轴的萃取率就能推算浓度，而测得了浓度就能知晓萃取率。

从咖啡冲泡控制表不难看出，冲泡粉水比例线是一条横轴截距或纵轴截距>0 的斜向直线，极似一元一次函数图像。但实际情况却并非如此。首先，通常我们画出的咖啡冲泡控制表只是 X － Y 平面坐标系第一象限的一部分而已，如果还原全貌的话会发现，所有这些线条的同一起始点还是坐标原点（不考虑挥发性风味物质的话）。其次，看作直线的粉水比例线是我们化繁为简后的近似图形，而实际情况则是一条条近似幂函数图像的曲线。

16

研磨粗细度
对于咖啡萃取有哪些影响？

　　研磨粗细度（Ground particle size）对于咖啡萃取的影响是决定性的。咖啡粉颗粒大小即研磨粗细程度，是非常重要的萃取改变手段，过细的研磨往往导致口感强烈、风味尖锐。而过粗的研磨则往往导致口味单薄，风味寡淡或有不适的酸涩感。当咖啡师需要快速调整时，改变研磨粗细度可以起到立竿见影的效果。需要注意的是，研磨粗细度的改变会彻底改变粉水接触的表面积，这不仅影响萃出风味物质的多少和速度，还会影响水流通过的速度（时间）。我们需要将滤泡咖啡分作滴滤式冲泡与浸泡式冲泡两种单独讨论。

　　对于浸泡式冲泡，如法压壶、虹吸壶、聪明杯等，首先，过粗的研磨可能导致萃取不足，而过细的研磨可能导致萃取过度。其次，萃取时间越长，越适合偏粗的研磨；萃取时间越短，越适合偏细的研磨。

　　对于滴滤式冲泡，如手冲等，更细的研磨使得萃取进程加快，但咖啡粉之间的间隙相应缩小，水流通过咖啡粉的速度也相应下降，导致冲泡的速度慢下来，时间被迫拉长。反之，更粗的研磨使得萃取进程变慢，但咖啡粉之间的间隙相应变大，水流通过咖啡粉的速度也会更快，导致冲泡的速度加快，花费时间更短。

　　由此可见，假如确定了某一款咖啡熟豆，你手边的每个器具都有属于自己的最佳研磨粗细度（区间）以及对应的冲泡时间（范围），需要在实践中加以体会。

咖啡粉平均粒径及表面积对比图
Average Size and Surface Areas（1 Bean = 3.4 cm²）

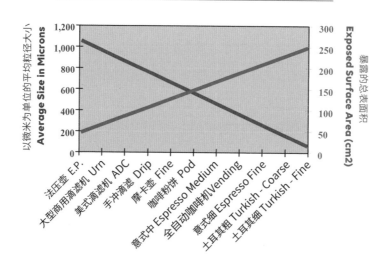

从咖啡豆到咖啡粉
表面积的变化

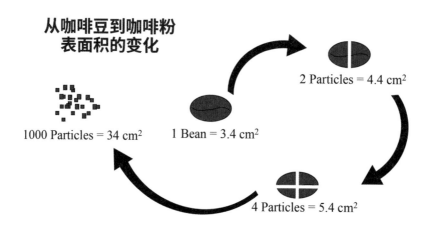

17

冲泡时间对于咖啡萃取有哪些影响?

实践中不难发现，冲泡时间经常成为我们冲泡咖啡好喝与否的一个核心因素。冲泡时间即粉水接触的总时长，或者叫萃取时长。由于咖啡中的可溶性风味物质是逐步析出直至最终彻底溶解于水的过程，而分子量大小以及极性不同，导致其亲水性差异较大，彼此间溶解速率迥异——亲水性最强的酸味最先溶解出来，甜味其次，苦味涩感等溶解得最慢。萃取程度与冲泡时间成正比，我们设计不同的冲泡时间，会带来不同风味的一杯咖啡。进一步研究发现，酸甜等好风味物质的析出会快速攀升到达顶峰，随后缓缓下降，呈现出先快速上扬随后持续下降的抛物线规律，而苦涩等坏风味析出则是比较平缓的曲线。那么结论就来了：好风味抛物线下落时与坏风味曲线的交叉点，便是我们最晚应该结束萃取的时间点。咖啡师的基本冲泡原则可以被解读为：必须在不好风味比好风味萃出释放得更多以前结束冲泡。

我们可以做一个有趣的小实验来验证如上知识点。准备一台出水稳定的美式滴滤咖啡机（如 Bonavita 美式欧风滴漏式冲煮咖啡机），一个计时器，以及若干洁净的分享壶或咖啡杯备用。我们可以先开机实际冲泡一次，假设全程冲泡时间为 200 秒。接下来我们开始正式试验，请保持咖啡粉量及粉水比例与上一次测试完全一致。冲泡开始时将第一只分享壶放置在滤杯下方并按下计时。接下来每隔 40 秒就替换一个新的分享壶，5 个分享壶用过后刚好冲泡结束。面前 5 个分享壶按时间顺序摆放，请你逐一品尝，有意思吧？当然这个小实验还有另外一个版本，如果你增加一台电子秤放置在分享壶下，盛接咖啡时可以将计时改为克重，这样每一份样品容量能够保持一致，更便于多人互动分享。

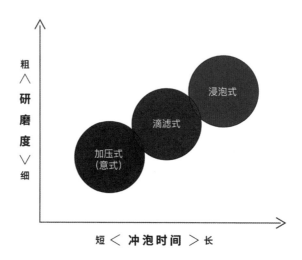

研磨度与冲泡时间关系图

18

除了粉水比、研磨度和时间，
影响咖啡萃取的因素还有哪些？

除了冲泡粉水比、研磨粗细度和冲泡时间，冲泡水温、搅拌及扰流、过滤方式和冲泡水质也对咖啡萃取关系重大。由于冲泡比例与研磨粗细度往往是粉水接触前就已确定或预设（包括机器），一旦开始冲泡就不能或不宜改变，水温（Temperature）、时间（Time）和扰流（Turbulence）这三项就成了三个最重要的有可能改变的过程控制量，它们的英文字母恰好都以 T 开头，我们称之为"冲泡 3T"。更有咖啡爱好者编了一句冲泡顺口溜——"先定粉水比，然后调粗细，最后看 3T"，还挺押韵。

19

如何确定最佳的咖啡冲泡水温？

热能是影响萃取进程的重要因素。冲泡水温越高，蕴含的能量越大。一方面，水分子活跃度越高，对于咖啡豆体内部结构冲击越强，可溶解风味物质借由水被带离豆体转移到水中的萃取（Extraction）速度就越快。另一方面，化学反应激烈程度加剧，萃出的水溶性化合物水解（Hydrolysis）速度也相应越快。由此可见，冲泡水温升高，萃取进程相应加快，反之亦然。今天精品咖啡多侧重于烘焙程度偏浅的咖啡豆，SCA 建议的冲泡水温区间为 90.6～96.1°C（195～205°F）。低于这个温区，我们会牺牲掉咖啡中的某些正面风味物质，而高于这个温区则会让萃取进程过快，导致溶解过多的风味化合物，最后使得咖啡变得苦涩。在铂澜，如果手边恰巧没有电子控温壶和温度计，我们会依照经验来操作。将 600mL 控温手冲壶加水至八分满，烧水至沸腾后不开盖静置 100 秒和 3 分钟，水温分别是：96℃和93℃。如果开盖的话，静置 60 秒就可以直接手冲了。由于市面上售卖的烧水壶保温性能各有差异，所以如上仅供参考，更加精确的读数还需要进行实际测量。

仅仅测量粉水接触前的冲泡水温有时并不精确，我们还应考虑到冲泡过程中空气、咖啡粉、器皿、杯具等引起的散热效应。对于商用自动冲煮设备来说，需要稳定进行循环冲泡操作，水温的稳定性是一项重要技术指标。常温甚至低温下的冷萃（冷泡）是现今比较流行的玩法，为了能够实现足够的萃出率，势必需要大幅延长萃取时间，并适当调节研磨粗细度与之匹配。不过纵使做到了我们所要的萃出率，其中风味物质占比已然与热水冲泡时有所不同，"不一样的味道"也就可以理解了。

最后一点需要关注的是，由于海拔每上升 1000m，纯水的沸点就会降低 6℃。铂澜位于海拔高度 60m 左右的北京，自然无须考虑太多。但是如果你在昆明或者西藏冲泡咖啡，沸点就大不一样了。

20 ⟩
搅拌对于咖啡冲泡萃取
的结果影响大吗？

答案是肯定的。我们将其归纳为：搅拌及扰流（ Stirring&Turbulence ）。搅拌及扰流其实是将咖啡粉与水强行混合的过程，不仅能使水有效覆盖接触并通过咖啡粉，还能将咖啡粉分散化以便于萃取均匀一致，是咖啡冲泡萃取过程中必然存在的现象，也是很多咖啡师主动干预萃取进程的重要手段——调整萃取一致性、萃取率和萃取时间。对于咖啡师来说，应该尽可能在冲泡的一开始就通过搅拌让咖啡粉与水充分接触，这样会有助于萃取。此外，萃取过程中搅拌得越激烈，或者说粉水之间越是剧烈撞击，则单位时间内萃出率越高。反之，萃取过程越是平和柔缓，则萃出率越低。

对于搅拌剧烈程度 (Agitation) 的理解应尽可能宽泛些，其实搅拌属于扰流的一种。除了搅拌，如果我们用滤杯手工冲泡咖啡，如下因素都与扰流有关，都会影响到萃取：注水（注水大小、手持高度、注水方式等）、滤杯出水、滤杯与滤纸之间的结合程度、闷蒸排气、粉层厚度……

21⟩

咖啡冲泡中的过滤方式有哪些?

　　咖啡师需要关注不同冲泡器具所采用的过滤器材和过滤材质的差异，统称为过滤方式（Filtering Method）。一次性过滤器材和非一次性过滤器材是最简单的分类。非一次性过滤器材有金属、陶瓷、丝网、法兰绒布等多种材质，法压壶压杆下方自带的金属滤网便是典型的非一次性过滤器材。一般来说，非一次性过滤器材都有较大的过滤孔隙，便于将萃出的咖啡微粉、油脂等保留在咖啡中，从而改变口感。过滤孔径越大，重复使用性也越高，但也越需要关注清洁保养。这类滤网普遍不便于清洗，使用后极易残留物质并带来氧化腐败的负面风味。

　　一次性过滤器材多是各种各样的滤纸（厚薄纹理也有很大学问），其孔洞远比以往使用的滤布更加细密，导致萃取得到的咖啡液更加澄澈干净，但也可能导致细粉、蛋白质以及油脂等被过滤掉，风味丰富性有所不足，口感醇厚度有所下降，甚至咖啡的功能性和健康指数也随之产生变化，我们将在手冲章节里详加讲解。

不同过滤材质对于咖啡风味影响很大

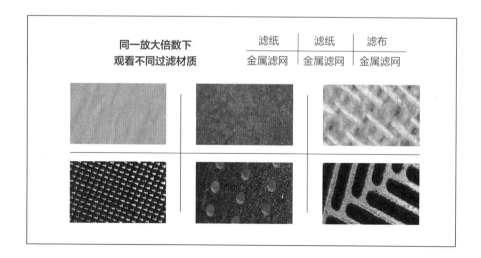

同一放大倍数下观看不同过滤材质	滤纸	滤纸	滤布
	金属滤网	金属滤网	金属滤网

22

咖啡熟豆的烘焙度对萃取有影响吗？

当然有。咖啡生豆经高温焙炒成为咖啡熟豆，美拉德反应等一系列非酶褐变反应不仅使得豆体颜色持续加深，更使得风味物质成分含量以及占比随着不同的烘焙程度一直在发生变化。除此以外，重量减轻了 10%～20%，体积膨胀了 30%～100%，再加上大量水蒸气和二氧化碳等气体脱颖而出、豆表原先紧紧包裹着的银皮彻底脱落，咖啡熟豆的密度大大降低，质地由原本的坚硬紧实变得松脆……如上所有这些都是在烘焙过程中持续发生的变化，这使得将冲泡萃取与烘焙度进行关联考量是非常明智的。

首先，咖啡熟豆烘焙程度由浅至深，咖啡粉在萃取时的吸水量也是由少至多。一般来说，每克咖啡粉大约饱和吸水 1～3 克，我们经常将咖啡粉与吸水量按照 1：2 考虑就是这个道理。

其次，咖啡熟豆烘焙程度由浅至深，萃取时咖啡粉的排气量也是由少至多，当然这也与咖啡熟豆新鲜程度密切相关，越是新鲜，排气量越是增加。

再者，咖啡熟豆烘焙程度由浅至深，内里细胞壁结构被破坏的程度、膨胀的程度也是逐渐增加，而风味物质总量也是逐渐增多，萃取出来的难度也变得愈发容易起来。

23

by-pass 技巧
在咖啡冲泡中究竟有什么作用?

by-pass 是英文单词旁路、支路、绕道的意思，这里是指在冲泡过程中先用一个比较大的粉水比（粉量比较大）来完成冲泡，后续再适量兑水调节浓度口感的冲泡技巧。在咖啡冲泡实践中，by-pass 一般有如下几个作用:

首先，缩短冲泡萃取总时长，避免过多的负面风味萃出。比如研磨质量不佳（如粗细度均匀一致性不佳），或者咖啡豆品质欠佳，又或者一次冲泡的咖啡粉量过大，按照正常的粉水比例冲泡的话，都难免导致苦涩、杂味出现。by-pass 可以大幅缩短冲泡时间，在负面风味萃出前结束冲泡。

其次，手头设备器具受限，尤其是滤杯或滤纸尺寸太小时，用正常粉水比冲泡难免导致热水混合咖啡粉从上方溢出，这时就可以采用 by-pass 方法。我们使用 BUNN 等大型美式滴滤咖啡机冲泡咖啡时，往往需要一次冲泡出 6 升以上的咖啡，大号的粉碗也显得难以应付，by-pass 方法便经常被用到。

再者，有的时候用 by-pass 调节浓度能够增加风味层次感和辨识度，较之正常粉水比一次性冲泡显得更加明亮活泼。

感官评估篇
CHAPTER 4

01

作为一名新咖啡大师，
该怎样理解我们的味觉感受？

呈味的物质量（咖啡的品质）与品尝者对应的味蕾量（感官能力）共同决定了味觉感受的强弱。

首先，我们所说的味觉有甜、咸、酸、苦、鲜五种，平日我们所尝都是这五种味觉感受复杂混合、相互影响、彼此干扰的结果，最终使得人可以分辨 5000 余种味觉信息。一杯好咖啡中五味皆有，强弱不一，但彼此完美融和、平衡，才是最好。

其次，滋味物质在口腔中被分泌的唾液溶解，再借助味觉感受器——味蕾中的味觉细胞进行转化并传递，然后沿舌咽神经传至大脑中央后回，味觉感受就此形成。人的舌头上各种乳突都有味觉功能，舌面不同部位对不同味觉刺激的感受是不同的，舌尖对甜味、舌前两侧对咸味、舌边后部对酸味、舌根对苦味分别最敏感。不恰当的品鉴动作可能会将某一种味道人为放大，最终产生偏颇的结论，而正确的品尝技巧则有助于真实全面感受咖啡的美好。我们所建议的"啜吸"方式便是这个道理，将口腔中的液体雾化，随后尽可能广泛地喷洒在舌面上。

此外，针对一杯咖啡，甜、咸、酸、苦、鲜等呈味物质彼此之间有着相乘、消杀、疲劳、转化等非常复杂的相互作用。比如说，甜味的适量增加会降低酸度，咸味的适量增加会减弱苦的感受，而酸味的增加则可能提高咸度、降低甜感等，而我们品尝到的则是最终平衡后的结果。

最后，味觉感知由味觉强度（Intensity）、味觉质量（又叫作味觉品质，Quality）和味觉愉悦度（又叫作情绪效价，Affective Value）这三个维度彼此间相互作用影响构成。我们已经意识到咖啡浓度（强度）对于味觉的影响，却对情绪效价维度认知不足，它与味觉质量维度同样都表现为右侧脑岛前部的神经元活动（脑岛编码味觉信息，脑岛活性越高，则感受强度越高）彼此关系密切，是我们形成味觉感受的重要因素。

02

味觉感受会因人而异吗?

当然会，味觉因人而异。我们可以从几个方面来展开描述。

首先，基因就会带来最直接的个体间差异。世界上约有 25% 的人为天生味觉灵敏型（超级味觉人群），约有 25% 的人为天生味觉迟钝型（又叫作无味觉人群），剩余的 50% 为普通人，但通过后天科学训练和潜力激发也可以做到优秀。

其次，年龄与味觉感受关系密切。人的舌体上，轮廓乳头的味蕾数量平均有 200 个，少年儿童高达 250 个；而到了 50 岁，味蕾数量开始萎缩锐减；到 70 岁以上时，这个数量会掉落到 88 个左右。当然，老年人味觉感知能力的锐减也与唾液分泌减少密切相关。作为一名咖啡师，你面对的顾客同样如此，需要加以区别对待。

再者，味觉感受能力也与此时此刻的生理状况密切相关。饥饿时对甜和咸的感受灵敏度就升高，而对酸和苦的感受则下降；吃饱以后，一切就反转过来。味觉的感受性和嗅觉也有密切关系，如果感冒导致嗅觉下降，也会影响味觉感受能力。咖啡师应该学会就此与顾客沟通。

味觉感受与咖啡品鉴中的四种基础味道
Taste and four basic flavors in coffee tasting

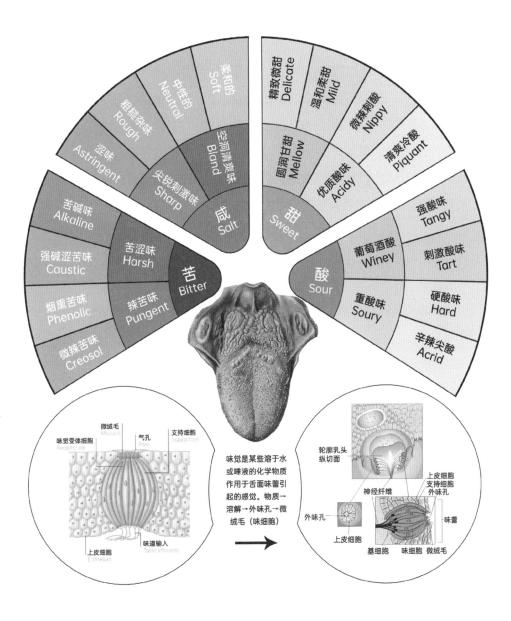

味觉是某些溶于水或唾液的化学物质作用于舌面味蕾引起的感觉。物质一溶解→外味孔→微绒毛（味细胞）

03

咖啡温度与味觉感受有什么关系？

　　进食体验总是伴随着对食物温度的感知，温度味觉因此专门发展成了一门学说，其主要研究的就是温度感受信号对于味觉感受的调控作用。比如说，温度会影响味觉的感受阈值，二者之间呈 U 形关系。再比如说，有30%～50% 的人群能够由特定的温度引起某种味觉感受，这种"联觉"现象的产生不仅因为在舌头层面两者之间有重叠共用的感受器，还因为在中枢神经系统中两者有着共用的传导通路。

　　咖啡入口品尝的温度对于味觉感受很关键，很多人去咖啡馆点咖啡，刚刚端到手的咖啡多半温度过高，切莫急不可耐地来上一口。这样"趁热喝"既不暖胃，也不解渴，还会增加危害。长期饮用 65℃以上的热饮会刺激和伤害食道和口腔，增加患食道癌的风险。其实，品尝温度与味道的辨识十分相关。

　　大量研究已证明，最能使味觉神经产生兴奋的温度在 10～40℃，又以 30℃左右最敏感。与此同时，当温度在 22～27℃时，对于咖啡品鉴偏负面的咸味和苦味觉察阈限最低。难怪专业的咖啡品鉴和评估中，都要在不同温区对呈杯风味进行评价打分，从热一直喝到接近室温，只有这样才能真实且全面地了解咖啡风味。

04

咖啡里的甜味来自哪里?

　　甜味是人类最重要的基本味觉。当我们感受到了甜,就会本能地产生吞噬获取的欲望,获取生命延续必不可少的能量,这是漫长岁月中生物进化使然。甜度高低是评价一款黑咖啡品质好坏的核心因素,"甜度饱满""甜度丰沛""高甜"等都是对于咖啡的溢美之词,而"一甜压百丑",高甜的咖啡甚至可以掩盖很多不足,怎样让一杯咖啡尽可能甜也是咖啡师萃取时的首要目标。黑咖啡呈杯品尝时,感受到的甜味主要来自于焦糖化反应与美拉德反应生成的水溶性甘甜物质,咖啡种植及鲜果采收环节是决定甜度的基础,但后续处理、烘焙直至研磨冲泡也都与甜度呈现关系密切。

　　食材中的甜味物质很多,按其来源大体可分为天然甜味物和人工合成甜味物,按其化学结构及性质分类又可分为糖类和非糖类甜味物等。糖类甜味物如蔗糖、葡萄糖、果糖、果葡糖浆、蜂蜜等都能提供甜味,一般都不属于食品添加剂范畴。近年来国内外生产应用的低聚糖,如低聚果糖、低聚麦芽糖等除具有一些甜度,还具有一定生理活性,大多归属于食品配料。此外,各种安全性高、高倍甜味、无营养价值、无热量或极低热量的"功能性"甜味剂也应运而生,比如阿斯巴甜、三氯蔗糖、安赛蜜、阿力甜等。在林林总总的咖啡饮品尤其是罐装即饮咖啡中,添加属于食品配料或甜味剂类别的甜味物质是惯常做法,但在精品咖啡范畴内则大不一样。一方面,甜感可以说是黑咖啡品质的最重要体现之一,让黑咖啡"甜起来"是从业者每天努力的方向;另一方面,黑咖啡的甜应该来自于生豆中天然承载的风味物质,来自于树种、种植、采摘、加工和烘焙等环节,是基于大自然的恩赐,也是基于人们对于纯天然的技术认知,而不是人工添加。

05

咖啡里的酸味来自哪里？

酸味是舌黏膜受到氢离子刺激而产生的一种味觉感受，不同的酸有不同的味感，氢离子浓度、酸味剂阴离子的性质、总酸度和缓冲作用等都会影响酸味呈现。品尝黑咖啡时，复杂的酸感来自于浓度不一、种类繁多的酸味剂——30多种有机酸和无机酸磷酸。

首先，浓度对于酸味影响很大，强酸的酸味必然大于弱酸，因为强酸在相同浓度下会产生更多的氢离子。适宜的低浓度、高品质酸质能使人愉悦并促进食欲，增加咖啡的"骨架感"，浓度过高则会适得其反，会加强苦味、强化涩感、抑制醇厚度。

其次，相同氢离子浓度下，各种酸的味道取决于其助味基阴离子。例如，醋酸的酸味反而大于盐酸，当然酸中不同的阴离子会使酸味夹带上其他味道，如苦味、涩感等，导致酸得不纯粹。

此外，不同的酸感呈现状态也不同。柠檬酸清爽感与新鲜感突出，感受先强后弱；酸强与柔和度都超过柠檬酸的苹果酸则持续性较强；酒石酸先抑后扬，余韵突出；而磷酸则可能表现出两面性：带来热带水果酸味和活泼性之余，也可能夹带负面尾韵。

最后，温度对于酸味的影响之大远超其他味道，高温容易使酸味消失，温度下降则酸味愈发明显。

各种味道之间的相互作用和彼此影响

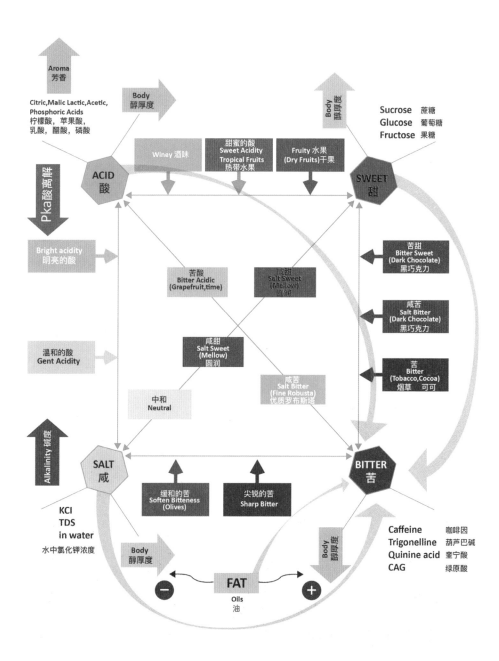

06

咖啡里的咸味来自哪里?

    咸味是食品中不可或缺的基本味道，是由中性盐类化合物离解出的正负离子共同作用的结果——阳离子产生咸味并能产生副味，阴离子抑制咸味且决定了咸的程度。黑咖啡呈杯品尝时，感受到的咸味主要来自于水溶性钠、钾、锂、溴、碘的化合物，它们更多来自于种植土壤环境。印度尼西亚、印度的阿拉比卡种咖啡，以及罗布斯塔种咖啡中的咸味比较容易被觉察到，且常被我们判定为负面特征。浓度太高或者烘焙太深的咖啡豆，由于有机酸的消耗，咸味比较容易觉察，这也是意式浓缩咖啡更易觉察出咸味的原因。

07

咖啡里的苦味来自哪里?

苦其实也是咖啡中非常重要的一种味道。多数天然苦味物质都具有毒性,苦感是动物(包括人类)初始排毒反应的天性,并在进化过程中得以延续,动物和人类都本能地厌恶、拒绝单纯和浓烈的苦味。因此,人类对苦的感受来得虽慢,却敏感度最高(阈值极低),最易觉察。从这个意义上说,拒绝哪怕只是微苦的咖啡、茶、啤酒、可可、橄榄或者其他食物,是一种原始本能反应。而接受这些微苦食物则是后天习惯养成、摆脱本能局限后的改变,正是从这个意义上讲,咖啡是一种"成人饮料"。

但很多人认为,咖啡能够如此流行的原因也与其所具备的特征——苦味密切相关。因为人的基本味觉里苦味最具有矛盾性,既易导致人产生不悦甚至排斥的感觉,又可参与食品风味的构成,增强食品感官吸引力和难以言说的魅惑。

黑咖啡的苦味来源于咖啡豆所含的苦味物质及烘焙过程中形成的苦味化合物。烘焙过程中绿原酸的分解物在咖啡致苦因素中的权重较大,主要是绿原酸分解物奎宁酸、绿原酸内酯化生成的绿原酸内酯或通过 4- 乙烯邻苯二酚(4-vinylcatechol, 4-VCA)途径所生成的多羟基苯基林丹类化合物。绿原酸内酯的苦味阈值很低,是目前咖啡中发现的最苦物质,所幸其含量很低。而烘焙进入第二次爆裂后,绿原酸生成的苯基林丹则一路快速积累飙升,这是一种强烈且持久的苦味物质,它是深焙咖啡苦味强烈的重要原因。此外,咖啡因、葫芦巴碱、美拉德反应产生的非挥发性杂环化合物,如呋喃衍生物、吡嗪以及 2,5- 二酮哌嗪等也被认为是咖啡致苦的重要因素。

咖啡的苦味感受不仅与理化分析技术和品鉴方法有关，也和人体苦味生理机制（10 种不同的苦味受体基因对苦味物质的识别和表达）有关。一杯品质卓越、从烘焙到萃取都控制得当的好咖啡主要呈现的是类似果汁的酸甜风味，并没有突出的苦味，但是对个别"苦味极度敏感者"来说，还是会苦不堪言。所以咖啡师应该明白，对你来说"适度的顺口苦"可能会成为极个别顾客认为的"强烈的苦"。

还有一个话题与咖啡的"苦"以及后文中的"涩"有关。当手工冲泡咖啡感到苦味明显时，不要着急判定为"萃取过度"，并立刻通过调节研磨度至更粗、缩短冲泡时间等手段来改变。具体可分 2 种情况来看。情况一：如果感官评价苦多涩少，则可以尝试兑水稀释浓度，或许立刻就变得好喝起来了。这是为什么呢？答案很简单，人体对于中等浓度的苦味感受强过甜、咸和酸味。而人体对于低浓度酸味感受强过低浓度甜味，而低浓度甜味又强过低浓度苦味。情况二：如果感官评价苦多涩多，除了萃取过度，也有可能是萃取不一致造成，前文已有讲述，在此略过不提。

08)

咖啡里有鲜味吗？

"第五味"鲜味亦称"风味增效剂"或增味剂，它们不影响其他味觉刺激，只增强其各自的风味特征，从而改善食品的特性。鲜味来自于蛋白质里一种叫谷氨酸钠的氨基酸，随着 pH 的改变，它甚至可以产生咸、鲜、酸等不同风味变化，着实很难被明确定义。鲜本身并不美味，但它造就了各种各样的美味食物，尤其是与香气匹配之时。鲜味是品尝中十分重要的味觉感受之一，但在咖啡里感受不明显，我们也就探讨不多。

09

咖啡的触感是否重要呢?

　　触感也是咖啡呈杯风味中很重要的一环。事实上对于大部分国人来说,口感好坏有时重要性还会超过嗅觉感受,成为评价食物的决定性因素。什么是口感呢? 可以大致描述为食物在口腔中所引起的感觉的总和,包含味觉、硬度、黏性、弹性、附着性、温度感等。我们在这里提及的咖啡触感又更习惯被叫作体脂感(Body)、醇厚度或咖体,可以看作是口感的一个子集,更多强调咖啡液在口腔和上颚带来的重量感、黏稠感和顺滑感,非常类似于品酒学中提及的酒体(Body)概念,描述语有"厚重""轻盈""柔绵""顺滑"等。

　　咖啡体脂感是咖啡感官体验中的骨架,支撑起嗅觉与味觉体验,如果缺少体脂感,就如同人得了软骨症一般。咖啡的滑顺与厚薄口感,主要是优质结合蛋白质、纤维质等不溶于水的微小悬浮物共同形成的胶质体,再加上蔗糖等物质,在口腔所产生的一种奇妙触感。根据不同的咖啡冲泡及过滤设备不难判断,如下各款咖啡的体脂感呈现依次下降趋势:意式浓缩、法压壶、滤布手冲、滤纸手冲。

10

咖啡中的涩感究竟是什么?

咖啡风味中的涩感不是味道,我们需要将其放在咖啡触感中加以讨论。虽然科学家认为涩感物质往往具有抗菌、抗癌、抗氧化、保护神经等作用,但是在感官体验上,这种与唾液蛋白质之间发生反应形成的或干燥,或粗糙,或褶皱,或收敛的感觉,却令人不愉悦。绿原酸及其烘焙受热分解产生的奎宁酸是咖啡涩感的主要来源。但是好咖啡中的糖分含量较高,能够有效中和涩感。劣质咖啡中由于奎宁酸、酒石酸和咸味化合物成分较多,而糖分较少,涩感很容易暴露出来。涩感的呈现又会加强苦味,降低甜度,简直糟糕透顶。

除了避免萃取过度带来的涩感,咖啡师对此并无更多办法。所幸人们找到了在保持食物中现有对人体有益的涩感物质(涩感物质去除不易也是原因之一)的同时,又能降低涩感的方法。比如在黑咖啡或茶中加入牛奶,就是由于牛奶中的蛋白质与单宁酸等多酚类化合物产生氢键作用,从而降低了涩感。咖啡中加入蔗糖也能适当降低涩感,这是由于蔗糖可以使唾液量增加,以及蔗糖本身的润滑作用造成的。

11 ⟩
怎样理解我们的嗅觉感受？

　　嗅觉感受器官鼻子的"鼻"字在古文中指自己的"自"，而我们指代自己时都会不由自主地指向鼻子，可见鼻子的地位不同寻常。但遗憾的是，嗅觉在我们的生活中曾一直被忽视。直到 2000 年时，嗅觉系统的研究才取得了突破性进展，嗅觉快感越来越受到重视。今天咖啡从业者和爱好者都有同感：感受香气在享受咖啡中至关重要，品鉴咖啡某种程度上就是一场愉悦嗅觉的游戏，激发顾客在此方面的激情对于咖啡师来说十分重要。

　　人的嗅觉器官由左右两个鼻腔组成且中间有鼻中隔，覆盖整个鼻腔内壁和鼻中隔表面有一层鼻黏膜，其表面分泌富含脂质成分的黏液，吸入的空气中必须含有一些能够引起嗅觉的物质——水溶性、脂溶性或挥发性的溴素，这样才能溶解被接纳，从而到达嗅上皮与嗅觉纤毛接触，纤毛里有由多种蛋白组成的嗅觉感受器，这里是嗅觉的出发点，随即嗅觉刺激被传送到嗅觉中枢所在，最终产生嗅觉。

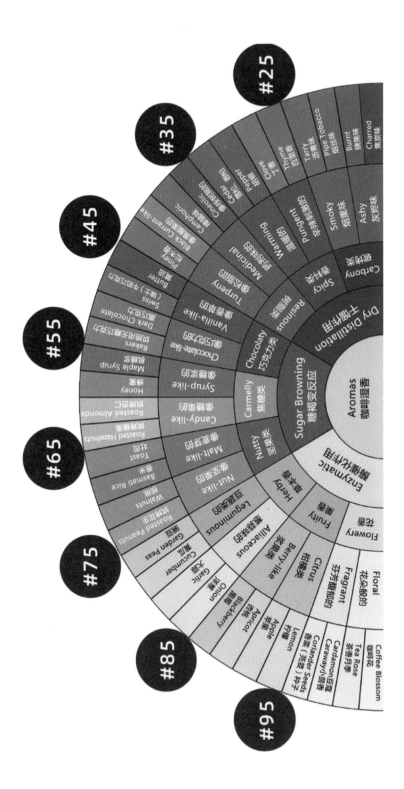

12

调动嗅觉感受有技巧吗？

调动嗅觉感受是有技巧的。人体嗅觉器官的生理特征导致嗅香需要一点技巧，咖啡师尤其需要关注。嗅觉受体位于鼻腔最上端的嗅上皮内。在正常的呼吸中，吸入的空气并不会大量通过鼻上部，而更多会通过下鼻道和中鼻道进入。这导致带有气味物质的空气只能极少量而且缓慢地进入鼻腔嗅区，所以我们只能感受到比较微弱的气味。那么，提高嗅觉强度的正确方法是什么呢？建议如下：作收缩鼻孔式的适当用力吸气，或煽动鼻翼式的较急促呼吸，与此同时，把头稍微低下对准被嗅闻物质（如咖啡粉或咖啡液），使气味自下而上地导入鼻腔，使空气易形成抽送入内的涡流。这样一来，气体分子就能尽可能多地接触到嗅上皮，从而引起嗅觉的增强效应。正确的嗅闻最多连续进行三次，避免陷入嗅觉疲劳。

13

为什么品鉴咖啡香气时，
经常提到啜吸？

啜吸对于嗅闻香气十分重要，这与上一个话题关系密切，可以结合在一起阅读。

我们在日常吃东西的时候，通过咀嚼，气流会从口腔上升到鼻咽部，从而让嗅觉器官也参与到美味的享受之旅中，这叫作"鼻后嗅觉"。小孩吮吸冰棍，让芳香气体从口腔不断灌入鼻腔，也是同样道理。一旦感冒鼻塞或者捏住鼻子，我们所能感受到的就只有酸、甜、苦、咸、鲜等基本味道了，此时损失掉的可辨识性内容可能非常关键。

曾有研究表明，品酒过程中味觉及口感所占的比重并不少于嗅觉感知，甚至更多。但是咖啡品尝则不同。实验表明，让人们捏着鼻子去盲品咖啡（不告知所饮用的就是咖啡），有些人甚至根本无法判断出喝下去的就是咖啡——超过 90% 的可用来辨识咖啡的信息内容都损失掉了。由此进一步说明嗅香对于咖啡品鉴的重要性，以及适当关注咖啡饮用方法对于享受咖啡的重要性——我们借助咖啡杯测匙将舀取的咖啡液送到唇边齿间，再通过啜吸的方式喝咖啡，口腔中的咖啡液被雾化并使得更多空气顺势灌入，此举虽然可能发出些许不雅的声音，但却是专业品鉴的不二法门。

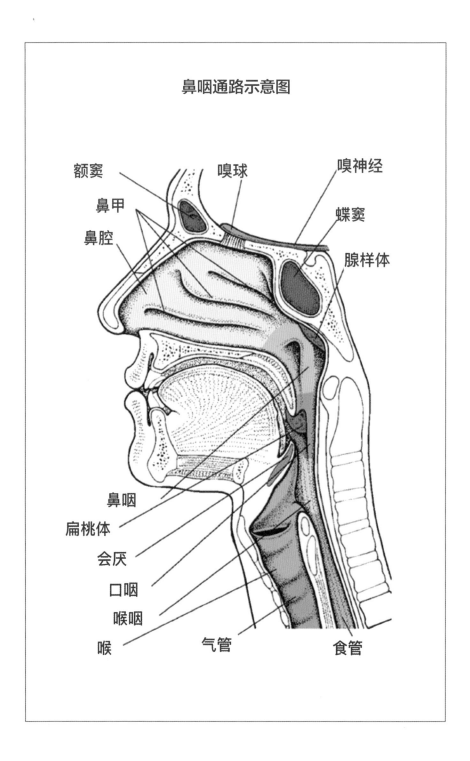

14

周遭环境对于嗅觉影响大吗?

周遭环境很多因素都对嗅觉影响很大，周遭潮湿的空气有助于提高嗅觉灵敏程度，但我所处的北京则较为干燥，湿度经常只维持在 20%~30% 。于是我们在日常做咖啡杯测时，为了提高大家的嗅觉感知，往往会开启空气加湿器，或者建议用清水清洗一番鼻腔，尤其是鼻腔内侧。此举不仅可以将鼻腔内的灰尘颗粒清除掉以利于呼吸通畅，更因为水溶液比干燥的空气能够俘获更多引起嗅觉的气味分子——它们在水中的溶解系数比在空气中大 10～1000 倍，由此来最大化地刺激嗅觉感受器。

15

如何克服嗅觉疲劳?

嗅觉较之其他感官更加易于疲劳，对某种气味完全适应后反而无感，长时间用力去嗅闻往往适得其反，这是嗅觉长期作用于同一种气味刺激而产生的适应现象。我们在嗅闻咖啡，尤其是多杯咖啡进行横向比较的场景（如杯测）时，越是心情紧张之下埋头用力嗅闻，效果往往越不佳。而嗅觉对同款咖啡香气的刺激疲劳后，灵敏度再恢复需要一定时间。更为糟糕的是，在嗅觉疲劳期间所感受的气味本身有时也会发生变化，导致最终结果发生偏差，这一点在做三角杯测时需要关注。建议可以通过嗅闻一下自己手腕、袖口或其他物体来快速缓解嗅觉疲劳。

16

嗅觉是否会因人而异?

是的，嗅觉因人而异。世界上有高达14%的人先天对某种或某些气味毫无嗅感。比如有2%的人对于熏天的汗臭毫无感觉。除了嗅觉强度本身的差异，嗅闻者的身体状况、心理状态和实际经验等都会对结果产生巨大影响。不仅不同种族、性别、年龄的人差异巨大，不同职业、生活习惯、所处地域的人也会有截然不同的嗅觉灵敏程度和认知体系。对于每一个人来说，每天不同时段生理状态不同，嗅觉差异也很大。一般来说，早间是全天嗅觉最灵敏的时段，而饭后则陷入一个低谷。一旦患上感冒，鼻腔内的嗅细胞被覆盖，使气味物质很难刺激嗅细胞，嗅觉能力就会大打折扣了。

17

不同香气之间有哪些彼此作用？

我们在嗅闻咖啡香气时，上千种不同的挥发性气体彼此之间发生着极为复杂的作用，这会让结果变得十分复杂。最常见的情况大致有五种：

（1）某些主要气味特征受到压制或掩盖，无法辨认混合前的气味。

（2）混合后气味特征变得不可辨认。

（3）某种原有气味被压制或掩盖，使用调料掩盖某些食材的腥味便是一例。

（4）混合后原来的气味特征彻底改变，形成一种新的气味。

（5）保留部分原来的气味特征，同时又产生一种新的气味。

18

为什么会有关于
咖啡品质的"香气决定论"？

嗅觉（olfaction）是对空气中化学成分气味刺激的感受能力，而气味是能够引起嗅觉反应的物质。很多咖啡师认为，对于咖啡香气的嗅觉感受评估在评价一杯咖啡风味中应该居于最重要位置，也就是咖啡品质的"香气决定论"。这是为什么呢？我们需要从两个方面来讨论。

首先，从漫长的进化过程来说，嗅觉对于几乎所有动物都是关乎躲避危险、寻觅食物、交配繁衍等生死存亡的头号能力，人同样如此。人的嗅觉比视觉更原始，比味觉更复杂和敏感。科学研究发现人类的嗅觉能力很强大，人体内存在着 1000 个基因编码用于辨别最多约 1 万种不同的气味，更具备很好的感受低水平气味的能力，比如说嗅觉能够感受到的乙醇溶液浓度要比味觉感官所能感受到的浓度低 24000 倍。咖啡中的很多美好的秘密，味觉根本无法察觉，只有通过嗅觉才能体验发掘。

其次，咖啡烘焙过程中一系列复杂化学反应生成了上千种芳香物质，目前科学家已经分离并确认出 850 多种，并发现呋喃类化合物和吡嗪类化合物是香气的主要来源。可以说，忽略香气去探究咖啡等于说是"捡了芝麻，丢了西瓜"。一方面，香气从来就是咖啡本身最大的魅力所在，是极致享受之源。另一方面，咖啡复杂的香气中隐藏着"从种子到杯子"这一冗长价值链中的海量秘密，从香气入手也是研究咖啡树种、种植、采摘、处理、储存、烘焙等上游诸多环节的最佳切入点。

19

咖啡的香气应该怎么分类？

世界上的气味种类繁多，在 200 万种有机化合物中，约 40 万种都有气味且各不相同。由于气味没法明确定义，也很难定量测定，所以只能借助分类进行描述。但是给纷繁复杂的气味分类谈何容易呢？幸运的是咖啡师可以借由各种版本的咖啡气味图谱、风味轮或者咖啡鼻子等工具来进行学习标注或与顾客交流。

法国让·勒努瓦先生从 1981 年推出第一版嗅觉训练工具酒鼻子（Le Nez du Vin）至今，其研发的葡萄酒闻香瓶和咖啡闻香瓶已经广受认可，SCA 及 CQI 等专业咖啡机构均将其作为咖啡品鉴师的嗅觉训练工具。这几年随着咖啡产业的高速发展，尤其是处理加工环节的日新月异，咖啡风味正处于井喷式爆发期，36 香咖啡闻香瓶已经不够用，这两套闻香瓶完全可以兼而用之，不仅给了我们一整套非常实用的咖啡干湿香气描述关键词表，还是辅助我们日常品鉴咖啡、训练嗅觉感官的好助手。咖啡闻香瓶将 36 种香气分作 4 大组别，每组 9 瓶：酶催化组别香气主要在浅度烘焙时集中呈现，糖褐化组别香气主要在中度烘焙时集中呈现，而干馏反应组别的香气则主要在深度烘焙时集中呈现。最后还有一个其他组别，其中某个香气对于个别品鉴者来说可能令人愉悦，不过这个组别属于瑕疵缺陷香气，经常是由于咖啡从采收处理直至烘焙某个环节的疏漏，才会造成这种典型性香气。

1997 年由 SCAA 顾问专家 Ted Lingle 编制的咖啡品鉴师风味轮（Coffee Taster's Flavor Wheel），是继啤酒、葡萄酒之后又一个被广泛接受的饮品风味轮，也是第一个由业内专家编制的咖啡风味轮，今天我们将其称作旧版或经典版咖啡风味轮。2016 年 1 月，SCAA 又联合世界咖啡研究组织 WCR（World Coffee Research）发布了新版咖啡品鉴师风味轮（Coffee Taster's Flavor Wheel），简称新版咖啡风味轮。

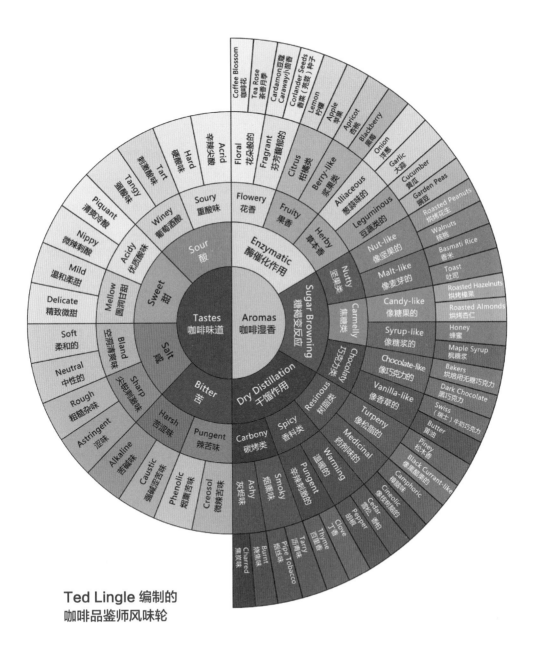

**Ted Lingle 编制的
咖啡品鉴师风味轮**

CQI 国际咖啡品质鉴定师
培训考试会用到的 36 香咖啡闻香瓶

Enzymatic 酶催化香气 (花果)	Sugar Browning 焦糖化香气 (褐色)	Dry Distillation 干馏反应香气 (烘焙)	Aromatic Taint 瑕疵缺陷香气 (其它)
2 Potato 土豆	10 Vanilla 香草	6 Cedar 杉木，雪松	1 Earth 泥土
3 Garden peas 豌豆，青豆	18 Butter 新鲜黄油	7 Clove-like 丁香	5 Straw 干草，稻草
4 Cucumber 黄瓜	22 Toast 吐司，面包	8 Pepper 胡椒	13 Coffee Pulp 咖啡果肉
11 Tea Rose 香水月季	25 Caramel 焦糖	9 Coriander Seeds 香菜籽	20 Leather 皮革
12 Coffee Blossom 咖啡花	26 Dark Chocolate 黑巧克力	14 Black Currant-like 黑加仑	21 Basmati Rice 香米
15 Lemon 柠檬	27 Roasted Almonds 烤杏仁	23 Malt 麦芽	31 Cooked Beef 熟牛肉
16 Apricot 杏肉	28 Roasted Peanuts 烤花生	24 Liquorice 甘草	32 Smoke 烟
17 Apple 苹果	29 Roasted Hazelnuts 烤榛子	33 Pipe Tobacco 烟丝	35 Medicinal 药味
19 Honeyed 蜂蜜	30 Walnuts 核桃	34 Roasted Coffee 烘焙咖啡	36 Rubber 橡胶

20⟩

新旧两版咖啡风味轮有哪些异同?

经典版风味轮的左侧涉及甜咸酸苦四种基础味道（Tastes），右侧香气（Aromas）部分呈扇形多层布局展开，我们要遵循由里圈至外圈、顺时针方向来观看。由此不难发现，香气被分作酶催化作用（Enzymatic）、糖褐变反应（SugarBrowing）和干馏作用（DryDistillation）这三大群组，分别整理了从小到大不同分子量的气体分子，大体对应着咖啡烘焙由浅到深的全过程，这一层级与 36 香咖啡闻香瓶结构一致。

除了这个咖啡风味轮，另有一个瑕疵风味轮与之匹配。从每一种具体的瑕疵风味中，我们可以追溯探讨造成这种不愉悦风味的具体原因，从采收、处理到存放、烘焙，各环节均有可能。但是随着精品咖啡产业的快速发展和日趋主流化，生豆品质越来越好，人们很难从精品咖啡中捕捉到那么多的瑕疵风味，且消费者无一例外都将注意力放在了令人着迷的特色风味上，因此瑕疵风味轮的使用场景也逐渐凋零了。

2016 年 1 月，SCAA 联合世界咖啡研究组织 WCR 发布了新版咖啡品鉴师风味轮，简称新版咖啡风味轮，这是近 21 年来首次对旧版咖啡风味轮的更新工作，美国多所大学科研机构的专家参与其中。新版咖啡风味轮参照堪萨斯州立大学感官分析中心编写的《世界咖啡感官研究大辞典》（ *The World Coffee Research Sensory Lexicon* ）中的词汇排列方法进行了大量补充，收纳了大量旧版中没有的关键词，仅花果类关键词就有不少全新内容，相同风味群组使用了类似且贴切的颜色，这一点有助于学习记忆。以中心部位为起点，逐步向外围延展去学习和体会，越是靠近外层，描述越是具体详尽，尤其要基于每个关键词彼此之间的差异性来体会，关注不同风味关键词之间的关联可以观察彼此间的色差和间隙（GAP）。

如果说旧版咖啡风味轮更侧重于咖啡烘焙过程中香气变化呈现概况的话，新版咖啡风味轮则更着力服务于咖啡品鉴师，是进行咖啡杯测等感官评估时的得力助手，对于需要密切与顾客沟通交流的咖啡师人群来说意义更大些。

21⟩
酶催化作用组别究竟是什么香气？

酶催化作用（Enzymatic）组别主要是浅度烘焙下释放的高挥发性、小分子量气体分子，是果实成熟和处理加工阶段酶催化（酶促反应）产生的有机酸等风味物质热解释放的结果，美拉德反应也是造香的重要原因之一。由于这些物质更多与树种基因、生长环境及采收处理等密切相关，是某款咖啡特色风味表达的主要形式，量少稀缺又不耐高温、易分解，更显得异常宝贵。

酶催化作用组别又分作 3 类：花香（Flowery）、果香（Fruity）和草本香（Herby）。其中花香与果香无疑最讨好，在细节辨析不清楚的情形下，笼统一句"花果类香气"已成为大家对好咖啡最常用的描述用语。但是花果类香气之外的草本类香气就不一定那么受人欢迎了。浅度烘焙时常常会呈现的葱蒜味（Alliaceous）和豆蔬味（Leguminous），如果极其轻微倒无妨，如果过于强烈就十分不妙，其问题出自咖啡生豆甚至是树种基因，也有时是由烘焙缺陷如发展不足、焗烤等所致。

铂澜版常见咖啡香气关键词（一）
Common Coffee Aroma Keywords I

花香 Floral			
茶香月季 Tea Rose	薰衣草 Lavender	茉莉花 Jasmine	洋甘菊 Chamomile
咖啡花 Coffee Blossom	玫瑰 Rose	桂花 Osmanthus	柠檬草 Lemongrass

热带水果 Tropical fruit			
荔枝 Lychee	芒果 Mango	菠萝 Pineapple	香蕉 Banana
椰子 Coconut	木瓜 Papaya	百香果 Passion Fruit	菠萝蜜 Jackfruit

柑橘类 Citrus			
青柠 Lime	柠檬 Lemon	柑橘 Tangerine	橙子 Orange
西柚 Grapefruit	佛手柑 Bergamot	脐橙 Navel Orange	

梨果 Pome			
青苹果 Green Apple	红苹果 Red Apple	梨 Pear	山楂 Hawthorn

核果 Stone Fruit			
樱桃 Cherry	桃子 Peach	水蜜桃 Honey Peach	杏肉 Apricot
李子 Plum	青梅 Green Plum	杨梅 Waxberry	枣 Dates

瓜类 Melon / 葡萄类 Grapes			
麝香葡萄 Muscat	西瓜 Watermelon	蜜瓜 Honeydew	哈密瓜 Cantaloupe

浆果类 Berry			
蔓越莓 Cranberry	覆盆子 Raspberry	蓝莓 Blueberry	草莓 Strawberry
黑加仑、黑醋栗 Black Currant	黑莓 Blackberry	猕猴桃 Kiwifruit	杨桃 Carambola

22

糖褐变反应组别究竟是什么香气?

糖褐变反应组别主要是浅度烘焙至中度烘焙下释放的中等挥发性、中等分子量风味分子，以美拉德反应和焦糖化反应同为"幕后元凶"，具体又分作3类：坚果类（Nutty）、焦糖类（Carmelly）和巧克力类（Chocolaty）。可以这么说，几乎所有咖啡呈杯风味中都有这个组别的香气呈现，只是程度不同而已。

铂澜版常见咖啡香气关键词(二)
Common Coffee Aroma Keywords II

草本 Green / Vegetative			
绿茶 Green Tea	红茶 Black Tea	薄荷 Mint	青椒 Green Pepper
黄瓜 Cucumber	蘑菇 Mushroom	土豆 Potato	番茄 Tomato
豌豆, 青豆 Garden Peas	松露 Truffle	青草 Grassy	雪松, 杉木 Cedar
新鲜树木 Fresh Wood			

果干类 Dried Fruit			
葡萄干 Raisin	西梅干 Prune	红枣干 Dried Dates	果脯、蜜饯 Candied Fruits

糖类, 甜香 Sweet&Sugary			
黄油 Butter	鲜奶油 Cream	红糖 Brown Sugar	枫糖 Maple Sugar
焦糖 Caramel	蔗糖 Cane Sugar	香草 Vanilla	蜂蜜 Honey

坚果 Nutty			
烤杏仁 Roasted Almonds	烤榛子 Roasted Hazelnuts	烤花生 Roasted Peanuts	核桃 Walnuts
腰果 Cashew	碧根果 Pecan	开心果 Pistachio	夏威夷果 Macadamia Nut

谷物 Grain&Cereal			
香米 Basmati Rice	黑麦 Rye	小麦 Wheat	大麦 Barley
麦芽 Malt	谷物 Grain	燕麦片 Oatmeal	甘薯 Sweet Potato

巧克力 Chocolate			
可可粉 Cocoa Powder	黑巧克力 Dark Chocolate	牛奶巧克力 Milk Chocolate	黑可可 Pure Cocoa

23

干馏作用组别究竟是什么香气?

干馏作用（Dry Distillation）组别主要是中深烘焙至深度烘焙下释放的低等挥发性、大分子量风味分子，是诸多化学反应综合作用的产物，具体又分作 3 类：树脂类（Resinous）、香料类（Spicy）和碳烤类（Carbony）。

今天我们很少将精品咖啡豆做深度烘焙，因此对于这类香气较为陌生。虽然在此阶段美拉德反应等依然发挥着作用，但情况已经有所不同。通过传统饮食文化，我们不难感受到干馏作用组别中的部分香气与传统烟熏食物中的香气有相似之处，事实亦如此。传统的烟熏是利用木屑、树枝、谷壳和稻草等植物原料不完全燃烧所产生的烟气，将烟气中含有数百种不同的风味物质慢慢吸附、渗透到食物中，从而赋予食物独特的风味。须知咖啡豆本身就是一种植物木质结构，本质上与木材几乎一致，高温下不完全燃烧（风机带来的氧气不能足量且及时地进入早已膨胀的木质豆体内部）也确实可以产生熏烟（独特的烟熏风味产生离不开熏烟加工）——由水蒸气、气体、液体和固体微粒组合而成的混合物，主要成分为酚类、酸类、醇类、羧基化合物和烃等，其中酚类物质作用最大。

在深焙咖啡中，我们经常能够感受到松脂、桉树油、杉木、樟脑、焦油、烧焦、烟丝、焦炭、柏油、沥青、丁香、胡椒、肉豆蔻、芹菜籽、橡胶、灰烬等香气。

铂澜版常见咖啡香气关键词(三)
Common Coffee Aroma Keywords III

香料 Spice			
大蒜、蒜头 Garlic	香菜籽 Coriander Seeds	洋葱 Onion	百里香 Thyme
肉桂 Cinnamon	丁香 Clove	胡椒 Pepper	甘草 Liquorice
小豆蔻 Cardamom	肉豆蔻 Nutmeg	迷迭香 Rosemary	罗勒 Basil
姜 Ginger			

炭烤 Carbony	
熟牛肉 Cooked Beef	烟丝 Pipe Tobacco

酒香类 Winey			
白葡萄酒 White Wine	红葡萄酒 Red Wine	威士忌 Whiskey	白兰地 Brandy
朗姆酒 Rum	米酒 Rice Wine	甜酒 Sweet Liquor	雪莉酒 SHERRY
香槟 Champagne			

瑕疵缺陷香气 Aromatic Taint			
泥土 Earth	柴油 Diesel	霉味 Mildew	干木头 Dried Wood
焦味/糊味 Burned	咖啡果肉 Coffee Pulp	药味 Medicinal	鱼腥味 Fishy
干草、稻草 Straw	灰烬 Ash	酸臭 Sour	皮革 Leather
纸浆 Paper / 纸板 Cardboard	烟 Smoke	生青豆蔬 Unsweet Peas	橡胶 Rubber
碘味 Iodine	酚 Phenol	尘土味 Dirty	麻袋味 Baggy

24

咖啡师需要学习和组织杯测吗?

咖啡杯测早已不仅是咖啡品鉴师的日常工作,它已成为咖啡全产业价值链上从业者的基本技能。对于一名咖啡师来说,咖啡杯测既是进行日常品控的前提,也是与顾客沟通交流的手段,还是个人学习成长的重要切入点。由于咖啡杯测品鉴涉及信息量很大,展开来几乎又是一本新书,对此感兴趣的读者欢迎去阅读本人的《咖啡 咖啡》(第二版),这里仅对基本准备工作进行介绍。

专业咖啡杯测应该在光鲜明亮、干净无异味、安静无干扰、温度适宜的环境下进行。如果缺少杯测间且杯测量不大,则完全可以在吧台进行。用以称量咖啡豆的电子秤、用以计时的工具(计时器或手机)、用以盛放咖啡的杯测杯(附杯盖)、热水器具(最好附温度计)、用以破渣、撇渣和啜吸的杯测匙是必备的五项装备。如果要求严格一些,吐杯、涮洗杯、厨房专用纸巾、杯测表格(最好附板夹)和铅笔(最好附橡皮)也应该一并备好,这就是我们所说的"咖啡杯测十件套"。

合格的杯测匙只需是一次能舀取 4~5mL 咖啡液的非活性金属制品即可,不过品鉴师或咖啡师出于专业精神和个人卫生等考虑,往往随身会配一把私人的杯测匙。咖啡馆里如果经常举行杯测活动,可以考虑为顾客准备些一次性杯测匙。

SCA 杯测杯是容量 7~9oz(207~266mL)、口径 76~89mm 的敞口直身玻璃杯,实际上敞口瓷碗更为常见,以至于我们都习惯称之为"杯测碗"。若受条件所限,咖啡师也可以选择干净无异味的纸杯或者直接使用店里的陶瓷咖啡杯,只需保证所有的杯具容量大小和口径尺寸完全一致即可。

　　SCA/CQI 建议杯测使用的咖啡豆样品为杯测前 24 小时内烘焙、出锅后，快速风冷至室温（非水淬冷却），至少应放置 8 小时再包装好，并避光静置排气（无须冷冻或冷藏）。样品熟豆烘焙时长为 8~12 分钟且无瑕疵，以 M-Basic（Gourmet）Agtron 的标准色值来说，豆粉值为 #63（±1），使用色卡对应 #55~60 即可。实际深焙咖啡豆（主要是意式咖啡豆）同样可以进行杯测评估，只是不宜与浅焙或中焙的豆子同桌混在一起进行。咖啡师可以将所有深焙咖啡豆单独挑选出来，单独组织一桌，这时就需要统一将研磨度调得更粗一些。

　　咖啡熟豆样品的研磨粗细度非常重要，可以从网上花几十元购买一个美国标准尺寸 20 目筛网，70%～75% 的咖啡粉能够通过滤网便是我们需要的粗细度，此时平均 1 颗咖啡豆被分解为 600 个颗粒，微粒直径约为 0.85mm。铂澜对于 Agtron 粉值 #55 的深焙豆子进行杯测时，会将研磨粗细度调得更粗一些。

SCA 杯测表是目前全球使用人数最多、场景通用性最好、普及度最高的杯测表。后文中还有详细讲解。COE 杯测表则是另一个被广受认可的杯测表，主要用于世界各地的 COE 生豆竞赛评选活动中。其与 SCA 杯测表的差别主要体现为如下五点：第一，COE 单项满分是 8 分，各单项分数相加后还要再额外加上 36 分才是百分制总分。第二，甜感质量被量化评分。第三，香气不计入最终评分，但分作干香、壳香和湿香三部分评价。第四，对于瑕疵风味的惩罚扣分较之 SCA 杯测更加严厉。第五，没有"一致性"一栏评分。

25

吧台杯测是否可以
与顾客进行互动交流？

互动当然是值得鼓励的。一般来说，前期准备工作应该由咖啡师独立完成，以保证杯测开展的有效性，而到了咖啡熟豆称量和研磨环节就可以请顾客适当参与进来了。

咖啡师在吧台进行日常品控或与顾客分享时，每个样品称量一杯即可，这样既简单又节省豆子。如果是专业杯测，则需要逐杯严格填写杯测表上样品的一致性（Uniformity）和干净度（Clean Cup），同一种样品需要逐杯称量、逐杯研磨，并准备 5 杯。此外，每种样品研磨前必须先用 10

颗以内豆子干洗一下磨豆机，我们称之为"洗磨"。

　　根据 SCA 杯测手册上建议的咖啡杯测参数，再考虑到这是一种完全浸泡式萃取过程，我们可以将粉水比例确定为 1：17（单位都是 g）。一般先确定注水总量，再调整咖啡粉投放的量（±0.25g）。注水总量怎么确定呢？专业的杯测碗内壁会有水位线标注，可以作为参考。直接注到十分满是更常见做法，这样方便后续破渣和撇渣。建议注入热水温度在 200°F±2°F (92.2～94.4℃，一般取 93℃)。根据杯测环境的海拔高度可有所调整，比如说在昆明，水的沸点在 94℃ 上下，杯测时需要直接使用沸水。咖啡师在吧台进行杯测时量比较小，直接使用控温壶会更加方便。

　　虽然说应尽可能将研磨咖啡熟豆与注水冲泡之间的间隔缩短，以减少芳香物质挥发，比如控制在 15 分钟以内。但这个嗅闻干香的过程对于咖啡师在吧台与顾客沟通分享显得尤为重要，需要好好把握。

　　接下来的注水是个技术活儿，短短数秒的注水过程中，在保证所有咖啡粉完全浸润的前提下，各杯注水总量要完全一致，既不能少，也不能从杯口溢出来。因此，我们并不建议让毫无经验的顾客来注水，还是由咖啡师来操作比较好。注水伊始粉水开始接触，我们就要开始计时，静置等待 3～5 分钟，这个过程中不可搅拌或挪动，等预设的时间到了，统一开始破渣操作。我们希望每种样品尽可能受到公平一致的"待遇"，所以注水、静置、破渣都要尽可能统一对待，如果面对的是零起点顾客，则建议咖啡师全程自行完成。

26

SCA 的评分尺度究竟是怎样确定的?

　　SCA 杯测表右上角注明了评价尺度（Quality Scale）。由于我们是针对精品咖啡做感官评估，6.x 分是我们评价的起始区间，按照 0.25 为最小刻度将本区间分为 6.00 分、6.25 分、6.50 分和 6.75 分这 4 个具体评分，英文描述是"Good"，中文描述为"勉强尚可"。给予 6.x 并不是令人满意且愉悦的，在精品咖啡评估中应该算作是一种较为明确的负面差评，给分需要谨慎。7.x 分（7.00 分、7.25 分、7.50 分和 7.75 分）的英文描述是"Very Good"，中文描述为"良好"。从单项来看，7.00 分是迈进精品咖啡门槛前的最后一步，介于"精品"与"非精品"之间，而 7.25~7.75 分则属于明确的精品咖啡范畴，感官体验时应该是没有明显瑕疵且基本令人满意的。8.x 分（8.00 分、8.25 分、8.50 分和 8.75 分）意味着令人兴奋的精品咖啡，英文描述是"Excellent"，中文描述为"优秀"。专业咖啡师给予一款咖啡或某一个单项高度赞赏时，经常会用"上 8 分"来指代。如果是评价咖啡的香气或风味，8.x 分意味着能够明确感受到几个令人欢喜的美好关键词。至于 9.x 分（9.00 分、9.25 分、9.50 分和 9.75 分）则无疑是大神级别的咖啡，非常罕见难寻，英文描述是"Outstanding"，中文描述为"卓越"，在日常杯测中很少出现。

27

杯测过程中怎样对咖啡的酸进行打分？

　　黑咖啡中的酸来自于 30 多种水溶性有机酸和少许无机酸磷酸。有机酸包括绿原酸及其分解物、柠檬酸、苹果酸、酒石酸、醋酸、乳酸等。黑咖啡中酸味的多寡强弱既与树种、生长、采收、处理加工以及烘焙有关，也与研磨萃取有密切关系，讨论起来非常复杂。我们在杯测过程中评价的酸主要不是酸的强弱，而是酸的质地、品质，所以又叫作"酸质"。良好的酸质经常会用"明亮""明媚""成熟水果""活泼"等修饰，它给予了咖啡骨架感、甜度、新鲜感和活力，让人愉悦生津、胃口大开，是那种水果完全成熟后的甜美风味，而品质低劣的酸质则常用"酸腐""沉闷""尖锐"等词来形容。可见酸质一项得分的高低取决于质地，即令人愉悦的程度，而不是酸度强弱高低。

　　对于从来没有喝过优质黑咖啡的普通大众来说，可能会对如此活泼的酸质难以接受。但只要稍加解释，并引导其与新鲜果汁等日常食材进行关联，这种不适便能很快消弭。大家在日后咖啡饮用中可以逐渐体会到高品质酸质对于黑咖啡的重要性，理解其发挥的感官体验中的"骨架感"。

28

杯测中"风味"这一项
是什么意思？

"风味（Flavor）"可以说是我们品尝咖啡时使用的第一高频词汇，但是确实也较复杂。杯测时等到温度合适后，我们才能开始啜吸。啜吸的第一口温度也相对最高，杯测表上的风味便是在此温区感受评估。我们经常说一款咖啡风味好不好，可见"风味"是反映咖啡品质和特色的核心项目，用以描述咖啡液啜吸进入口腔后直至从鼻腔穿出这一过程中，味觉和嗅觉（鼻后嗅觉）加成在一起的综合感受，质地好坏、强度高低以及复杂性都要考量，是介于"干湿香气"与接下来"余韵"之间的一种重要感官体验。

风味包含味觉感受很好理解，但嗅觉同样也是风味中的重要组成，其重要性甚至不在味觉感受之下，这一点可能很多读者没有意识到。其实咖啡液入口感受味道的同时，很多困在咖啡油脂中的油溶性风味化合物分子这才"挣脱"出来，进入鼻腔，形成我们的鼻后嗅觉，而这些才是构建我们完整风味的"主力军"。

29

杯测中"余韵"这一项
是什么意思?

"余韵（Aftertaste）"是杯测表中紧接着"风味"一项的评价内容，是咖啡汽化、吞咽或吐出后，接下来短时间内口腔和上颚残留散发的感受，是鼻后嗅觉结合水溶性多糖等物质呈味的综合感受，我们在日常饮食文化中经常将其称作"后味"。回甘、余韵悠长、持久不衰、回味悠长等都是我们经常用来形容余韵的描述用语，短促、空乏、紧涩、沉苦、戛然而止等则都是可以给予扣分的负面评价。

要理解黑咖啡的余韵可以联系咱们日常品茶的感官体验，如经常提到的"回味无穷"四个字便是指的余韵长久且美好，用来评价一杯咖啡的话也是高分。品尝上佳铁观音时经常提到的"观音韵"便是在吞咽后感受到齿颊留香、舌根回甘、心旷神怡，独特"兰花香"混合些许人参酒味微微呈现的感受，好咖啡在余韵方面相比好茶绝不逊色，它也是咖啡品质的重要体现。

30

杯测中"体脂感"与"平衡感"
这两项是什么意思?

"体脂感(Body)"又叫咖体,根据口腔中舌面和上颚之间咖啡液的触感来评价,是重量感、黏稠感和顺滑感的综合评价,除了"顺滑"一定优于"粗糙","厚实""饱满"可能会获得高分,"轻盈""柔绵"也有可能得到高分。

一般认为,不同于欧美地区有着庞大的风味倾向型咖啡消费群体,因此对于咖啡的酸质、甜度、香气等要素关注较多,包括我国在内的东亚地区则是更加偏向于口感型的咖啡消费市场,对于咖啡的体脂感、甜感、余韵等要素需要更加关注。那么,是什么东西构成了咖啡感官品鉴中的体脂感呢?一般认为是咖啡液里的油脂结合糖类化合物、蛋白质、纤维质等不溶于水的微小悬浮物所形成的胶质体,以及其共同营造出来的口腔及舌面触感。

如果我们将视线往咖啡产业链上游看去,产地结合树种以及处理环节都会带来体脂感的差异性。日晒帕卡玛拉、日晒或蜜处理波旁、印度季风咖啡、湿剥法曼特宁等一般都较之水洗牙买加蓝山、水洗埃塞耶加雪菲等拥有更醇厚的体脂感,当然咖啡烘焙曲线的设计也可以对此进行调整。研磨萃取环节其实对于体脂感影响也很大,这主要与过滤介质孔隙大小有关,本书相关章节会有论述。

"平衡感(Balance)"又叫作平衡性,理解起来有难度,它指的是杯测表上风味、余韵、酸质和体脂感四项之间和谐、调和、互补以及相互支撑的程度,这四项中某一项太过强烈或者太过平淡,都可能是我们在平衡性上给予扣分的理由。当然，我们还要关注在温度逐渐下降过程中这种和谐性的持久性，很多品质不佳的咖啡会在这个过程中"露出狐狸尾巴来"。

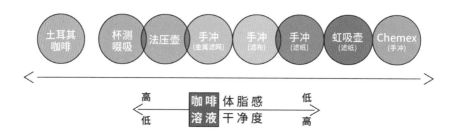

31

为什么说杯测设备和流程
正在快速革新中？

　　杯测是非常有效的咖啡感官评估手段，其革新的主要动力来自于提高工作效率和保障参与者身体健康（多人一起杯测时）两个方面。从精准控温壶、可折叠的便携杯测碗、随温变色杯测碗、再到手机版（iPad版）杯测表，各种旨在简化流程、提高效率的革新工具一直层出不穷。2020年一场席卷全球的新冠疫情更让咖啡人意识到，当多人一起品鉴评估咖啡时，保障每位参与者身体健康较之提高效率更为重要，操作流程方面的优化也正在迅速完善中。

因为 2020 年全球爆发的新冠病毒疫情，
SCA 出于保护杯测者健康安全考虑，紧急调整了杯测指南

Tasting batch-brewed coffee is, in many cases, a better alternative to cupping when you want to avoid cross-contamination. In cases where the coffee-grading function of the SCA cupping protocol is important, we encourage the use of the modified protocol.

SCA杯测规则更新：
如果你担心会有交叉感染，也可以采用滴滤咖啡的方式。如果在SCA咖啡分级品鉴中，还是建议大家采用更新版的SCA杯测规则。

Provide each cupping participant with a cupping spoon and an individual shot glass upon arrival. Note: The spoon should not touch your mouth or drinking cup.

为每位到场的杯测者提供杯测勺和单独的品饮杯。
注：杯测勺不能接触杯测者的嘴部或者品饮杯。

Place sample cups on cupping tables; a lead should clear the crust with a clean spoon.

将杯测样品放在杯测桌上，派一位代表用干净的杯测勺破杯捞渣。

Approach the cupping bowl with your spoon and spoon a sample from the bowl into your shot glass.

使用杯测勺从杯测样品中盛一勺倒入品饮杯中。

Taste directly from your shot glass. The spoon will not be used for tasting, only to transfer the sample to individual cups. Don't forget, the spoon should not touch your mouth or drinking cup.

用品饮杯直接饮用。杯测勺不用来直接啜吸，只用来把杯测样品盛装到品饮杯中。请注意，杯测勺不能接触嘴部或者品饮杯。

Provide hot water and dump buckets in between samples for rinsing coffee out of the shot glasses.

每次杯测样品以及冲洗品饮杯时要准备热水和垃圾桶。

In between samples, rinse spoons in a rinse cup. Remember, spoons should only be used for transferring coffee.

在不同的样品杯测中，需要每次清洗杯测勺。记住，杯测勺仅用来盛装咖啡。

Backup spoons and cups should be made available for those who might need a replacement during the cupping.

要准备一些备用的杯测勺和杯测杯，可能用来杯测中进行替换。

Sanitize cupping table surfaces in between sessions.

每轮杯测后要及时清洁杯测桌面。

Specialty Coffee Association

March 12, 2020 - Version 1.0

滤泡咖啡篇

CHAPTER 5

01

法压壶适合咖啡馆出品吗？

完全可以。法压壶看上去中规中矩，不惊艳不酷炫，但出品非常稳定，且便于突出体脂感、平衡感和余韵。建议咖啡师学会针对咖啡风味来挑选冲泡设备。

1852 年，两个法国巴黎人申请了法压壶原理构造的联合专利。法压壶在法国更多被称作 cafetière，在其他国家也叫作 coffee press。1929 年，意大利设计师 Attilio Calimani 和 Giulio Moneta 申请了正式产品专利，并注册了 Bodum 品牌。法压壶流行于世界各地，是最为常见的咖啡冲泡器具之一，虽然多用于家庭或办公场所，但同样可以用于咖啡馆的专业级别出品。

法压壶冲泡咖啡遵循浸泡原理，咖啡粉与热水有着充分、均匀且彻底的接触，这使得萃出率的提高是基于萃取一致性和完整性的提升。再加上使用孔洞更大的金属滤网，咖啡液中悬浮的不溶解固体微粒和油脂最多，导致咖啡口评时最有质感，咖体较为突出，且容易保有特色香气。

02

法压壶制作咖啡有哪些注意事项？

法压壶制作咖啡需要注意以下事项。

第一，法压壶大小规格不一，咖啡馆正常出品时，400 毫升容量的法压壶常用来制作 1~2 份咖啡，最合适不过。由于这种规格的法压壶比较小，壶体偏长，下压的距离相对较长，这对于提升咖啡的风味与质感都有好处。

第二，法压壶适合较粗的研磨度，匹配较长的浸泡时间。很多欧美咖啡师认为，4 分钟左右的浸泡时间才能恰到好处地将咖啡风味完整萃取出来。

第三，法压壶制作时脱离了加热源，且萃取时间较长，减少过程中的温度逸失是关键。应选择双层壶壁、保温性能良好的法压壶并提前温壶。有些咖啡师为了增加法压壶的保温性能，会在法压壶外围包上热毛巾，甚至将整个法压壶浸泡在热水中。

第四，热水注入后应快速、柔和地搅拌十余圈，使之充分混合，然后迅速将上盖盖住，滤网下端保持在液面上。掌握下压的力度与速度是使用法压壶制作好咖啡的前提。静置完成后，10 秒内匀速缓慢下压到底是通常的做法。过猛过急或者过缓过慢的下压都不适合。

第五，使用法压壶制作咖啡时，咖啡粉研磨要略粗一些。如果研磨得过细，不仅咖啡液中会带有一些残存的咖啡渣破坏口感，咖啡液表面增大的张力也会阻碍我们平缓向下压。

第六，法压壶的金属滤网需经常拆下来彻底清洁，否则会严重影响风味。

第七，如果使用 VST 咖啡浓度检测仪对法压壶制作出来的黑咖啡进行测试，最好先使用滤纸过滤，避免悬浮物对测量结果的干扰，这样数据更加准确。

03 ⊃

虹吸壶适合咖啡馆出品吗？

如果说法压壶更多还属于咖啡爱好者的话，那么仪式感更强、颜值更高、操作起来更加复杂的虹吸壶就主要适合咖啡师人群了。虹吸壶（Vacuum Pot/Vacuum coffee maker/Siphon）又叫赛风壶，是一款古老且经久不衰的咖啡制作利器。1830 年，平衡式虹吸壶（更多叫作"比利时宫廷壶"）由德国人 S.Loeff 申请专利，后续不断改款，直至变成今天的直立造型虹吸壶。

若单论外观颜值，比利时宫廷壶更胜一筹，但若是论及咖啡出品品质，直立虹吸壶则更胜一筹。使用虹吸壶制作咖啡好像做化学实验一般，本身颜值足够，更往往配以红外线卤素加热灯，尤其是三五只摆成一长排，具有良好的视觉观赏性。因此，咖啡馆里经常能看到虹吸壶的靓影。

04⟩

虹吸壶制作咖啡的原理是什么?

　　将虹吸壶下壶玻璃球体加热，水被加温后产生蒸汽升压，下壶压力将热水经由玻璃管柱推入玻璃上壶，热水通过滤布或滤纸后，在上壶中粉水接触完成萃取过程。待移除或关闭下壶加热源后，下壶降温导致下壶中气体收缩减压，趋向真空状态，上下液面压力差再加上液体自身重力作用（位能差），都促使萃取完成的咖啡液过滤后快速回流至下壶，而上壶中仅剩余咖啡渣。

　　类似法压壶，虹吸壶也属于浸泡式萃取。但虹吸壶的冲泡技巧性更强，小小的设备中蕴含着从火力控制、萃取水温到投粉时机，再到搅拌动作等学问，一旦钻研进去，其乐无穷，因此广受咖啡师喜爱。咖啡粉与热水在较高温度下充分混合萃取更便于展现咖啡风味的完整性与层次感。

05

虹吸壶制作咖啡有哪些注意事项？

虹吸壶制作咖啡有以下八点注意事项。

第一，红外线卤素灯是最佳热源选择。

虹吸壶有很多不同的加热源可供选择，如酒精灯、瓦斯炉等明火加热源，以及卤素灯等非明火加热源。标配的酒精灯其实并不方便，不仅火力不够稳定，随风飘忽，外焰与内焰的温差很大，受技术和外界环境条件影响较大。最佳选择是红外线卤素灯，升温后能够不受周围环境影响，保持相对恒温，便于咖啡师稳定出品，而且非明火加热使其更具安全性，尤其适合阅读主题咖啡馆（书店）使用。唯一不足是长时间出品时，其光线对咖啡师眼睛会有干扰。

第二，可以考虑使用滤纸过滤器取代以往的滤布。

使用滤纸过滤器，做一壶换一张，如同手冲滤纸一样，大幅简化了咖啡师的清洗工作量。

第三，最好直接将高温热水（已烧沸）倒入下壶备用。

很多人觉得虹吸壶冲泡效率不够高，加热水便是"罪魁祸首"。所以最好直接将高温热水（已烧沸）倒入下壶备用，否则用卤素灯从室温开始把水加热会非常麻烦。

第四，注意观察下壶状况。

打开卤素灯加热时，可以将安装好的上壶斜插至下壶口待用。此时学会观察判断下壶状况来推测水温是一项重要的技巧。由于观察到的现象与当地海拔气压等关系密切，我们也只能分享大致经验：当下壶中出现气泡连续翻滚时，意味着水温已达到 90℃，我们便可以扶正上壶开始进行冲泡操作了。但如果一开始加热时便直接扶正上壶，下壶中的热水超过 60℃ 便会开始陆续往上壶走，给我们的判断带来困难。

第五，粉水比控制在 1：12 ～ 1：13。

虹吸壶冲泡可以匹配从细到粗非常广泛的研磨粗细度，并无一定之规。铂澜在此推荐使用较之杯测还要更粗一点的研磨度。相对应的我们就要匹配大粉量冲泡模式，1：12～1：13 的粉水比都可以考虑。

第六，把握好咖啡粉倒入时机。

待得下壶中热水完全进入上壶之时，我们可以将咖啡粉倒入。这时建议不要做剧烈的搅拌混合操作，第一次搅拌只需保证咖啡粉完全被热水浸润即可。有些虹吸壶咖啡师将此视作"闷蒸"，并会在此状态停留等待 20～30 秒，待"闷蒸"结束后才做第二次搅拌操作。

第七，把握关火时间。

"闷蒸"结束后的第二次搅拌直至关火结束需要多长时间呢？有的咖啡师会用计时器定时，也有些经验丰富的咖啡师则是通过轻柔搅拌并观察液面上方咖啡油脂的颜色，待这层薄薄的咖啡油脂色泽由较深变得寡淡发白之时，便是我们关火结束萃取之时。在此我们给出建议，咖啡师可以据此再做微调：20～45 秒为宜，豆子烘焙得越深，这个时间越短；反之豆子烘焙得越浅，这个时间越长。

第八，需要对火力进行多次调整。

虹吸壶冲泡全程需要对火力进行多次调整，一般建议初期为火力最大，第一次搅拌后将火力调小些，"闷蒸"完成后迅速将火力调到最小，这样能够保持水温在接下来数分钟内维持在 93℃ 上下，风味萃取得以有效开展。

06 ⟩

爱乐压有什么特点?

由 Aerobie 公司创始人、美国工程师 Alan Adler 发明，并于 2005 年对外发布的爱乐压（Aeropress）推出至今时间并不长，这个貌似大号针筒注射器的咖啡器具近年来逐渐兴起，广受好评，属于咖啡馆与爱好者两相宜的冲泡设备。

爱乐压使用不含 BPA（双酚）的塑料材质制作，非常轻巧，抗摔耐压，是户外旅行途中最适合的专业咖啡制作器具之一。

爱乐压官方使用说明书提供的冲泡方法经常被大家称作正做法（正压法），其最大的特点是下压之前会有少许水提前滴落到下方盛接的咖啡杯中，因此有些咖啡师对此不喜，并发明了一种倒置过来的冲泡方法，又叫作反做法（反压法）。

世界爱乐压大赛可以说是目前全世界最酷的咖啡比赛之一，我们能够登录赛事网站查询到很多获奖者的冲泡策略。

澳大利亚人发明的 Delter Coffee Press（D 特压）与爱乐压十分类似

07

使用爱乐压冲泡有哪些技术优点？

首先，爱乐压融合了浸泡与加压萃取等多种设备器具之长，不需要手冲注水技巧，将咖啡粉与热水做较短时间的充分混合，再通过施加柔和的压力，经滤纸过滤后萃取出一杯好咖啡。

其次，爱乐压可操作性很强，除了有正做法和反做法之分，冲泡时不仅能够调节粉水比例、冲泡水温和研磨粗细度，金属滤片和滤纸可灵活选择，下压速度可以改变，更可以一次填充多张滤纸来改变萃取压力，这些都使得咖啡风味有较大的变化区间。需要说明的是，爱乐压的设计特点使得我们甚至可以将冲泡水温调低到 80℃ 左右，这一点非常与众不同。

再者，由于使用了滤纸过滤和一定程度上的加压萃取，爱乐压多用细度研磨咖啡粉，这样使得澄净不浑浊的咖啡也能口感醇厚、风味细致且丰富。

此外，爱乐压除了萃取咖啡，还能用来萃茶，或者制作奶咖等。

最后，爱乐压冲泡效率很高，便于快速制作咖啡，且清洗操作简便。

08

爱乐压的正做法与反做法有什么区别?

爱乐压官方提供的正做法充分体现了设计者 Alan Adler 的本意：对于家用非专业级滴滤咖啡机出品质量不满意，在对水温和研磨粗细度都没法严格要求的办公室、通勤路上或者户外场所，普通人也能做出一杯好喝的咖啡来。尤其是在较低的水温下（很多办公室的热水装置只能提供 80℃ 或略高些的热水），甚至没有电子秤和计时器，商用咖啡豆一般是偏深一点的烘焙度，细研磨后舀上一平勺，接上热水，搅拌 10 秒，下压即可。我们从最新推出的 AeroPress Go 套装（还包括一个马克杯）便能清晰地看到如上这种设计理念。

总结来说，爱乐压正做法能够实现出品稳定且达到较高品质是基于如下五点前提：第一，80℃ 或略高些的较低冲泡水温；第二，加压和适度搅拌缩短冲泡时长至 2 分钟以内；第三，可以无须电子秤、计时器等辅助工具；第四，普遍适用大众市场上不同烘焙度的豆子，尤其是大众市场上占比更多的烘焙偏深的咖啡豆；第五，如果嫌大粉量萃取出的咖啡液口感太浓烈，可以兑水调节浓淡。

但是精品咖啡从业者显然有更高追求，他们需要深度的全程掌控。他们使用烘焙得更浅一些的精品咖啡豆，研磨度粗一点，但粉量更大些，各种参数更加精细，冲泡出来的咖啡酸甜风味更佳，层次性和复杂性更高，所谓的反做法便是这般场景和需求下孕育而生的。

爱乐压正做还是反做其实无须纠结，偏低的冲泡水温、较大的粉量是目前较为一致的冲泡趋势，这样获得的咖啡液浓度往往较高，有时就需要再兑水稀释或者调制成奶咖饮品。

爱乐压的正做法

爱乐压的反做法

09

手冲咖啡的注水闷蒸是什么意思？

手冲咖啡（Pour-over Coffee）不仅是目前咖啡馆里最常见、最便捷、最有效率的滤泡式咖啡，也是爱好者人群中最有范儿、最具仪式感的咖啡冲泡形式。手冲设备简便，可选择性多，制作可控性强，细节丰富，还兼有一定的观赏性，因此广受好评。在很多咖啡师看来，牛奶拉花和手冲咖啡是两大最核心的咖啡制作技能。

滤杯中完成布粉后的第一次（段）注水就叫作焖蒸，良好的焖蒸操作有助于激发咖啡的香气并突出酸甜感。闷蒸注水量少但非常重要，甚至决定最终成败，通常做法是让手冲壶嘴比较接近咖啡粉表面，从中心点开始轻盈快速地向外绕圈，仅将少许热水浇淋在咖啡粉层表面，并且在靠近边缘之前停止，其主要目的是为了让咖啡粉能够上下均匀地被水浸润。通常视角是俯视，故只能看到粉层鼓包表面是否被均匀浸润，想要判断粉层内里状态是否同样如此，可以通过观察这一注完成后滤杯底部热水滴落的状态——水流成股哗哗流淌意味着注水闷蒸失败。此外，如果观察到咖啡粉层表面因过度膨胀出现明显孔洞或裂隙，也可能是注水量过大的原因。

有些资深咖啡师在强调良好的闷蒸注水时会用"铺水"一词，并拆分作两次进行，第一次给粉层上部铺水，第二次给粉层下部铺水。切记不要将粉层穿透破坏，注水后咖啡粉层质地均匀并整体膨胀开来，排气效应导致咖啡粉颗粒间产生了接下来注水时水流的通道。这样第二次注水时的水流就不会过多地停留在粉层上部，从而造成上下萃取不一致。一个"蒸"字表达了咖啡粉在吸水后会排出二氧化碳，咖啡粉颗粒在排气过程中彼此"推搡"，最终形成整体膨胀的现象。一般来说，咖啡豆烘焙程度越深，豆体越是膨胀，失重率越大（脱水率越高），咖啡豆体内的类似蜂窝巢或活性炭结构越是空间宽敞，也就越是给后续注水闷蒸留下了余地。

因此，深焙的咖啡粉吸水更多，也膨胀得更大些。而咖啡豆烘焙得过浅，就会造成吸水不足、膨胀不够等现象。此外，提高水温，也对增加膨胀性有帮助。

10

怎样判断并开始闷蒸后的冲泡注水？

除了少数连续注水的冲泡手法，注水闷蒸后往往需要停留数十秒，在此期间我们要观察粉层膨胀状况。粉层膨胀到达顶点随即停止之时，原本饱满有光泽的表面会变得黯淡收缩起来，这是空气热胀冷缩的缘故，导致粉层外表多余的水分被往里吸，这时就是再次注水的最佳时机，又习惯叫作第二段注水。

第二段注水意味着进入正式冲泡过程，有人喜欢小水流，有人喜欢大水流，有人喜欢连续注，也有人喜欢多次点注，具体手法各异，讲究不同，最终咖啡好喝适口是我们唯一的共同追求。较之第一次注水闷蒸，此时手冲壶嘴的高度要略微上提，这样可以借助重力作用，让注入的水流直达粉层更深处，使得粉层上下做整体性的均匀萃取。

闷蒸完成后的咖啡粉颗粒里其实含有较高浓度的咖啡液，当我们将新鲜热水注入时，高浓度咖啡液体中的可溶物质向低浓度液体转移，这就是我们所说的扩散作用。随后咖啡液落入下方的分享壶里，咖啡萃取随之完成。当我们不断注入低浓度新鲜热水来维持这种浓度差时，咖啡粉颗粒里的物质不断抽取扩散出来，萃取以较高效率持续推进，我们称之为冲刷萃取。

我们可以再设想一番杯测注水的场景，咖啡粉完全浸泡在杯测碗中，由于静置等待而并无搅拌，导致咖啡粉周围的咖啡液浓度不断积累，咖啡粉颗粒及其周边的浓度差不断接近，扩散效应逐渐降下来，萃取推进的效率就受到滞缓，我们将其称之为浸泡萃取。

手冲过程中兼有冲刷萃取与浸泡萃取两重作用。因为有浓度差，冲刷的萃取效率更高，而浸泡的萃取效率则略低。两者各自占比多少，既取决

于滤杯滤材，也与注水策略密切相关。在第二段注水伊始，咖啡粉颗粒内部蜂窝巢一般的豆体结构里还有大量空气存在，所以比水要轻，整体在滤杯中呈现出悬浮翻滚状态而不是纷纷沉底。随着冲泡进程推进，咖啡粉颗粒内部的空腔结构越来越被水填满，咖啡粉变重，沉底加速并最终在底部拥堵起来，导致水位下落缓慢。此时，有人会选择提高注水落点、加大水流以冲开底部的拥堵咖啡粉颗粒；也有人会借助这种浸泡萃取态势，让萃取进程慢下来。

第二段注水是冲泡的主体。第二段注水完成后，有时我们会认为萃取的风味已经足够，无须进一步提高萃出率，那么冲泡就此结束。当然有些咖啡师会在端给顾客品尝前实施绕道法（By-pass）直接添加热水来对浓度做最后调整。也有时，我们会认为第二段注水后还需要对萃取率、风味等进行微调。那么还可以通过第三段注水来补足风味、平衡口感，顺便将浓度适当稀释，这时就必须高度关注冲泡时长，避免负面风味的大量析出。

11⟩

Melitta 手冲滤杯有什么特点？

1908 年，德国家庭主妇梅丽塔·本茨（Melitta Bentz）因为不满足传统浸泡式咖啡的单调风味以及壶底扰人的咖啡渣，申请了世界上第一份咖啡滤纸的发明专利，对应的还有 Melitta 滤杯，现代手冲咖啡就此发端，Melitta 也成为今天最知名的咖啡企业之一。Melitta 手冲滤杯根据其造型我们一般叫作扇形滤杯或者楔形滤杯，它是今天普及度最广、最适合广大爱好者的咖啡滤杯之一。

作为滤杯中的"老祖宗"，Melitta 滤杯的造型值得研究一番。从上看是圆形，敞口开阔，便于注水；从侧面看是 V 形，两个斜面同时往里收窄至底部，斜面内侧设计有便于排气导流的肋骨；底部水平，平缓的底部居中有一个偏小的出水孔，有利于适当浸泡并对落水进行限流。不管怎么看，Melitta 滤杯都是一款需要的注水技巧性低、出品较为稳定、容错率很高的滤杯。它将以往手冲时不得不小心翼翼的注水技术变因降到了最小，整个冲泡时间几乎就是由研磨的粗细度来决定了。今天一线咖啡师使用这款滤杯的并不多，或许是因其过于大众化吧。

基于 Melitta 滤杯的经典设计，另有诸如 BeeHouse、Tiamo、Bonavita 等很多改款滤杯，细小的改变通常集中在内部导流肋骨（沟槽）、出水孔的大小和数量上，但使用的扇形滤纸则一般是通用的。

12

Kalita 波形滤杯（蛋糕杯）
有什么特点？

波形滤杯主要指的是日本 Kalita 蛋糕杯，不管是从造型还是从名称来看，都不难发现其有着德国 Melitta 滤杯的影子。确实如此，诞生于 1959 年的 Kalita 滤杯最早也是扇形，后来才变成了今天的波形蛋糕杯造型。

与后文将要介绍的 V60 相比，Kalita 底部平缓、宽敞，可以使粉层平铺更薄，冲泡过程中咖啡粉也不易翻滚移动，这样便于萃取一致性的实现。Kalita 滤杯底部有肋骨，使得滤纸底部不会完全贴合，便于排气导流。肋骨将底部分成三个区域，有呈等边三角形排列的三个细小的出水孔，使得注水技巧性被削弱、容错率提高，限流和控流效果明显，并增加了些许浸泡萃取，对于萃取一致性大有裨益，使得咖啡风味完整性、平衡感、体脂感均有提升。这种设计理念在本质上是与德国 Melitta 滤杯非常一致的，所以可以将其归入一类来看待。

Kalita 蛋糕杯必须使用对应的蛋糕杯滤纸，#155 和 #185 是一小一大两个型号。与更加通用的扇形滤纸或锥形滤纸比较起来，使用 Kalita 蛋糕杯的滤纸耗材成本略高。

常见咖啡滤杯一览

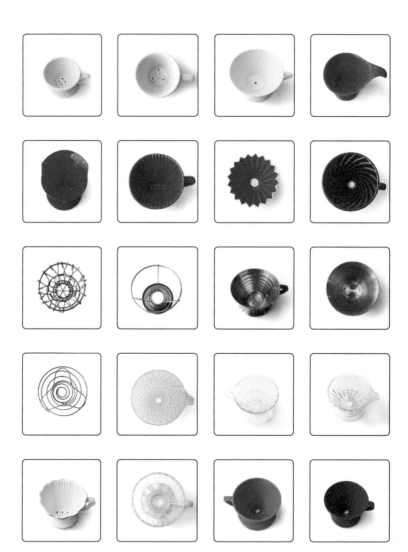

13

Blue Bottle 蛋糕杯
与 Kalita 波形滤杯是一回事吗?

将 Melitta 和 Kalita 这种设计理念发挥得愈发淋漓尽致的则是 Blue Bottle 改良后的波形滤杯，它的容量很大，可以大粉量冲泡，可以大水流注水浸泡，居中一个更加细小的出水孔将浸泡萃取与出水限流特色推向极致。这一类滤杯适合各种烘焙度的咖啡豆，粉量固定后，只需校准好研磨度，冲泡时长就基本被锁定，风味非常稳定。因此既适合注水技巧不强、用别的滤杯手冲容易有挫败感的入门级爱好者，也适合出品繁忙、顾客持续排队，又要追求稳定出品的咖啡馆。

14

艺术品一般的 Chemex 壶有什么特点？

德国设计师彼得·施伦博姆（Peter Schlumbohm）博士于 1941 年发明的 Chemex 一体式咖啡手冲壶是典型的德国包豪斯风格（也就是现代主义风格）作品，这种高硼硅玻璃制成的咖啡器具毫无疑问是最有范儿的咖啡手冲形式之一。从美剧《老友记》到《广告狂人》，再到电影《星际穿越》，都能看到 Chemex 的身影。更加令人惊讶的是，早在 1941 年发明的 Chemex 纵使放到第三波咖啡浪潮蓬勃发展的今天，依然完全适用。

Chemex 壶呈现沙漏般的流线形，有 3 人份、6 人份、8 人份和 10 人份几种大小规格，另有经典木柄皮条款和纯玻璃款可供选择。Chemex 滤纸也是不可替代的，其特殊制作工艺、大小和厚度（比普通手冲滤纸厚很多）被咖啡师们认为是 Chemex 独有的冲泡风味的来源——滤纸配合壶身造型起到了控流与过滤双重作用，让咖啡干净清爽、高甜且风味突出。无奈因其造价高昂且不可替代的滤纸也不便宜，所以在咖啡馆门店中出品使用并不多，相反倒是"不差钱"的咖啡爱好者们对此趋之若鹜。

使用 Chemex 滤纸要与壶大小相匹配，滤纸通常需要自己去折叠，折叠后一面是单层滤纸，另一面则多达三层滤纸。这时我们要将三层滤纸那一面贴近 Chemex 的导流口，如果放错了可能会影响冲泡效果。折叠放置好的滤纸呈现倒三角形，这导致可能会出现咖啡粉层较厚的现象，针对这一现象，我们就不能将咖啡粉研磨得过细，粗一些的咖啡粉更有利于落水。

想要用 Chemex 壶冲好咖啡并不容易，滤纸折叠，冲泡比例，研磨粗细，粉量控制，注水技术……咖啡师的每一项技术动作都会对呈杯风味带来影响。

15

V60 锥形滤杯有什么特点?

日本 Hario V60 锥形滤杯于 2004 年设计,2005 年对外发布,如今已是全世界知名度最高的咖啡滤杯,更是打破了 Melitta 等梯形滤杯一统天下的旧格局。曾有人统计过去 10 年世界咖啡冲煮大赛(WBrC)选手使用的器具,发现居然有 5 年冠军选手使用的都是 V60 滤杯,惊呼"Hario V60 时代"当之无愧。

Hario V60 锥形滤杯同样是基于经典 Melitta 滤杯的一个改款,只是改动较大,V 代表造型,60 代表滤杯侧壁横截面的夹角度数。V60 有 #01、#02 和 #03 小中大三种型号(#03 用的极少),对应不同大小滤纸。材质上则有树脂、陶瓷、金属、玻璃等可供选择。日本田町"有田烧"材质工艺制成的陶瓷版 V60 滤杯最为经典,但一个树脂材质的 V60 滤杯加上一包滤纸只需几十元,无疑更加易得,可以说是手冲的"最低廉套装",难怪普及率那么高。但廉价的背后则是不争的事实:爱好者初次尝试 V60 手冲往往很难喝,主要原因就是自由度太高。

V60 像一个锥形漏斗,圆锥体的设计可以增加咖啡粉层厚度,使咖啡粉能均享"雨露滋润",增加萃取总面积、提高萃取均衡性;内侧柔缓的螺旋肋骨凹槽设计,在提高导气通透性和给水流提速的同时,还能延长水流路径、促进粉水接触、尽可能保留咖啡风味;再加上超大口径的出水孔,几乎无法起到限流作用,完全靠注水技巧来实现控制,当然这样也更有利于提高萃出率。细心的朋友会发现,V60 滤杯内壁上部还有一圈短肋骨,这是为了避免滤纸与滤杯完全贴合,从而干扰排气。

日本 Hario 官方评价 V60 时认为,设计简洁,功能美学,使用安全,

经得起岁月考验，是以出品干净明亮咖啡著称的器具。但严格来说，V60
是一款难度较大的滤杯，所有的设计细节都是为了追求一个"顺"或"透"
字，需要操作者有着更加精准的水流和节奏掌控（一把更加适合出水控流
的手冲壶也是应该考虑的），并严格控制总时长，避免萃取过度，因此适
合咖啡师或高阶玩家随心所欲掌控全局，新手用此学习手冲并不合适。

关于手冲永远有说不尽的话题，焖蒸结束后开始冲泡注水，往往才
是复杂性和变化性展开之始，尤其是使用 V60 锥形滤杯时。

首先，较细研磨、较大水流从中心点漫过粉层后持续注入是最为常
见的手冲策略，通常适用于品质好、新鲜度高的豆子。这种手法有助于避
免不必要的扰流，减少冲泡系统的复杂性，从而突出咖啡的甜度、体脂感
和余韵。对于某些烘焙很浅的水洗豆，这种策略也有助于使得酸质更加圆
润和柔和。

其次，将咖啡豆研磨得略粗一点，保证落水顺畅，而更多通过控制
水流和注水节奏来精确把握冲泡过程也是比较多见的策略。比如焖蒸结束
后，我们可以在前半程注水较慢，适当增加粉水接触的"冲刷"时长，让
萃取规模和萃取一致性提高，到了后半程则适当加快注水来避免萃取过度。
提升浸泡效果的同时，由于液面上升将水压拉高，也可以起到些许加快流
速的作用。

再次，15～18g 是使用 V60 滤杯时比较适宜的 1～2 人份冲泡粉量，
冲泡总时长建议控制在 2 分钟以内。为了保证短时间萃取也能有足够的
风味呈现，可以考虑 93～96℃的高水温来应对烘焙较浅的咖啡豆。当然
这些只是用以参考的经验而已，而并非一定之规。

16

KONO 锥形滤杯相比 V60 有何特点?

日本 KONO "名门" 锥形滤杯是秉承 "用滤纸冲出法兰绒滤布风味" 的理念设计出来的滤杯，结合 V60 对比研究会发现，KONO 滤杯的出水孔小了不少，再加上非常独特的内壁短肋骨设计，都会极大地减缓水的流速，进而降低萃取过度的风险，进一步控制香气逸散损失，使得咖啡香气、风味完整性、体脂感、平衡感等获得提升。

由于 KONO 滤杯内壁的肋骨很短，而肋骨之上的部分内壁是光滑的，我们可以控制投粉量和注水量，使得水位上升到肋骨之上并让滤纸与内壁贴合，这样人为阻止了向上导气，下方唯一的出水孔便形成了更加强大的抽取态势，可以起到提升萃出率、增加水溶性风味物质的作用。此外，点滴法是 KONO 滤杯比较独特的玩法，可以从中心点持续注水。首先一点一滴式缓缓注入，让粉层从中心点开始慢慢吸水并一圈一圈同心圆式扩大浸润范围。随后改为极细水流，再随后不断增大水流。在此过程中，整个粉层可以被均匀萃取到。

还有一些形如锥形漏斗的手冲滤杯，多有独特的内壁排气设计，可以匹配特殊的冲泡手法来实现差异化的风味。较有代表性的是：内壁立体菱形凸起设计的 "钻石滤杯" 可以通过控制水流通畅且流速稳定，来加强不同粉层的萃取一致性；内壁肋骨形如花瓣绽放的 "花瓣滤杯" 可以实现粉层流速变化——底部加速冲刷，粉层往上则流速缓和，适当浸泡以便加强甜感、体脂感和风味一致性。

17

手冲咖啡使用的滤纸
有哪些材质和特点？

　　与滤杯相匹配的滤材主要是滤纸和滤布，另有少量金属材质。金属滤网通常是专为某款滤杯匹配的定制款，但咖啡师很少选用。

　　1908 年，德国家庭妇女梅丽塔·本茨以儿子在学校里使用的吸墨纸为原型发明了手冲滤纸。到今天，滤纸凭借干净卫生、价格合理、用完即扔（无须保存保养）成为当下的绝对主流。最常见的滤纸造型有如下三种：搭配扇形滤杯的扇形滤纸、搭配锥形滤杯的锥形滤纸和搭配波形滤杯（蛋糕杯）的波形滤纸（蛋糕杯滤纸），三者之间并无高低优劣。滤纸所用材质、制作工艺、厚薄程度等带来的过滤性能以及对流速的影响才是关键所在。

　　滤纸的材质多样，木纤维、绵（如原木浆中添加棉花纤维）、麻（如马尼拉蕉麻纤维）、竹纤维、无纺布等都有。颜色泛黄的通常为未漂白的木纤维或竹纤维滤纸，各种形状均有，最经典的便是 Melitta 美乐家原色扇形滤纸（又叫楔形滤纸），拥有厚度高、重量大、纤维结构紧实、层次致密等特点。颜色雪白的则通常是臭氧漂白滤纸，各种材质或形状均有，也是品牌类型最多的一大类滤纸，德国 Melitta 美乐家、日本 Kalita、日本 KONO、日本三洋、日本 ORIGAMI、日本 MOLA、日本 cotter 棉滤纸等在市场上较常见。最近，中国台湾地区产的无纺布滤纸（穿透性强、滤纸本身吸水少、保留油脂）也获得了不少从业者的欢迎。

　　一般来说，滤纸要和所用豆子、滤杯、冲泡策略以及风味追求等结合讨论才有最佳效果。厚度较薄、过滤孔径较粗、纤维结构较稀疏的滤纸会使得水流速度更快，如 ORIGAMI 滤纸、MOLA 滤纸和 KONO 滤纸，它们显然更加适合那些需要提高流速的滤杯，如 KONO 滤杯等；而厚度较厚、纤维粗长或紧实、过滤孔径细密的滤纸会使得水流速度延缓，比如说，V60 锥形滤杯就属于难度较大的滤杯，热水导流速度很快，如果选用厚滤纸就有适当延缓平衡之效，抑制酸质的同时可以提升甜感。

对于购买的合格产品，其实无须担心异味或漂白剂残留，但在折叠好滤纸放入滤杯后，我还是会用少量热水冲淋：一则是多年养成的习惯性动作，将可能存在于滤纸上的少量残留物冲刷干净；二则是让滤纸与滤杯服帖，以免影响水流速度。

18⟩

手冲咖啡使用的法兰绒滤布有什么讲究?

极少数咖啡师仍然钟情于法兰绒滤布带来的独特口感，并愿意为其付出更多清洁保养时间。如果使用法兰绒滤布，滤杯就大可不必，用一个手持环状钢圈将滤布套住，一手持壶，另一手持圈，更多了几分仪式感和匠人气息。有些上了年纪的日本手冲咖啡师会采用 80℃ 左右的较低温热水、极细水流多段式（甚至是点滴注水式）来冲泡较粗研磨的深焙咖啡豆，口感绵柔，甘甜愉悦，毫无强烈苦味。

法兰绒滤布正反有别，一面微有细小绒毛，另一面则像普通棉布一样光滑。光滑一面作为接触咖啡粉的内侧是较常规做法，至少这样便于清洗（孔隙较不易被堵）。滤布使用完毕后需要冲洗或沸煮消毒，这时可以使用咖啡机冲煮头清洁药粉，效果非常好。清洗后浸泡于清水中冷藏保存，每日使用时取出沥干即可。待冲泡数十次之后，滤布材质僵化，绒毛脱落，就到了需要更换的时候了。

19 ⟩
手冲壶有什么技术讲究？

　　既然我们将手冲咖啡认定是一门技术，那么一股脑儿将热水倒入滤杯中显然不可取，我们需要有技巧、有章法地注水，这无疑需要合适的手冲壶来配合。先表明我的观点：一把批量化生产、能够实现缓慢注水的控温手冲壶对于大多数咖啡师来说都已适用，但专业的手冲咖啡师还是需要走进手冲壶的世界探寻一番。

　　手冲壶千差万别，但彼此遵循基本原则，因此有这么几点值得关注：

　　第一，壶底越是宽大，越是便于重心集中在底部，手冲时不仅壶身比较稳，也能通过细长的壶嘴给注出的水流施加一定压力，出水因此更加稳定且不易断流，也能更易形成有穿透力的细水柱。

　　第二，手冲壶身里通向壶嘴的中间通常设置有挡水板，刻意增加水流阻碍。一旦撤掉的话，水流阻力被大幅削弱，变得无拘无束起来，冲泡过程中持壶注水角度就无须做大幅度变化，保持相同倾斜角度就能够较长时间持续注水。在点滴注水过程中，减少持壶角度的后续微调十分有必要。

　　第三，壶嘴的形状。普通的壶嘴形状来做点滴注水时，水是一滴一滴往下落，称为"水滴"，会对粉层有一定的冲击力和穿透力，算是一种纵向操作。在此基础上，有的手冲壶会将壶嘴压合成尖尖的鹤嘴状或者扁扁的鸭嘴状，这样点滴注水时离开壶嘴的水滴不仅更加精细可控，而且要么形状更圆润接近于"水珠"、要么更易散开扩大接触表面积，这般"坠落"或"洒落"都会对粉层的冲击力减弱很多，更便于做粉层水平方向上的铺水操作。

常见手冲壶一览

20⟩

什么叫作松屋式手冲？

松屋式手冲是一种历史悠久、出品稳定的日式手冲策略，只萃取出咖啡中的美好风味物质，而后 bypass 将咖啡浓液兑水稀释。具体来说，松屋式手冲有如下几个特点：

（1）金属滤。可以使用 V60 这种排气佳、落水顺的锥形滤杯，但镂空金属滤网 + 滤杯更常见。

（2）筛细粉。偏深烘焙咖啡豆、较粗研磨为宜，建议冲泡前筛除极细粉。

（3）挖粉坑。用勺在粉层中央挖一个大坑，使粉层各处厚度基本一致。

（4）高持壶。高位持壶增加水流冲击力。出水口离粉水接触面保持30cm（一般手冲 2～3 倍高）左右，用细水流精细注水。

（5）高温闷。第一次注水闷蒸按 1∶3 的粉水比，用95℃左右的高水温，加盖静置等待 3～5 分钟，使得排气彻底。

（6）低温冲。第二次注水按 1∶7 的粉水比，用较低水温（80℃左右）做绕流注水。

（7）后兑水。bypass 加入热水不仅调节浓度，也使杯中咖啡温度能够保持得恰到好处。

21⟩

聪明杯有什么特点？

聪明杯又叫作聪明滤杯，是中国台湾发明的一种创新式冲泡设备，原本用于泡茶，后来在 SCAA 年度大会上走红，成为广为人知的咖啡冲泡器具。除了经典的扇形滤杯造型，也另有锥形、蛋糕杯形等可供选择。

将滴滤与浸泡相结合是聪明杯的最大特点。直接将聪明杯静置平放时，下方出水口自然封住，整个聪明杯宛如一个杯测碗，可以进行浸泡式冲泡，甚至可以直接杯测。而一旦将其放置于咖啡杯或分享壶上时，下方出水口立刻开放，聪明杯就又可以当作滤杯来使用了。我们在实际冲泡过程中可以将滴滤与浸泡完美结合，取长补短，萃取出最佳风味来。例如，较为常见的做法是先将其放置于分享壶上当作滤杯使用，冲刷萃取出前段迷人风味，再取下浸泡一段时间（其间可能会适当补粉）以追求风味完整性、平衡感、体脂感和余韵。

对于咖啡发烧友和从业者来说，一组聪明杯还是用来进行不同咖啡豆、滤纸、水质、水温、冲泡时长、研磨粗细、搅拌等要素横向对比测试的不二利器，非常值得推荐。

形形色色的聪明杯

22

摩卡壶为什么越来越少用了？

　　摩卡壶（Moka Pot）无疑是意大利人的象征与骄傲。1933 年由 Alfonso Bialetti 设计发明的小小咖啡壶刻意用阿拉伯半岛最南端的也门摩卡港来命名，用以纪念一段刻骨铭心的咖啡过往。拥有设计专利的经典八角形铝合金 Bialetti Moka Express 便是摩卡壶的发端。摩卡壶的结构分作上中下三部分，热源加热最下方的水仓，推动热水通过中间的咖啡粉层，使得咖啡液流入最上层的咖啡仓。摩卡壶的设计是如此成功，在第二次世界大战以后先是横扫意大利，超过九成意大利家庭均有摩卡壶。随后摩卡壶又风靡全世界，入选了吉尼斯世界纪录中"全世界最受欢迎的咖啡制作工具"。自 2000 年以来，由于摩卡壶几乎无法控制调节冲泡粉水比例，且冲泡水温过高，导致其冲泡品质难以被崛起的精品咖啡业者认可，摩卡壶也越来越变成一种历史情怀和文化标签了。

曾经风靡一时的摩卡壶
在精品咖啡时代有点落寞

冷萃咖啡篇

CHAPTER 6

01〉

冰咖啡与冷萃咖啡
到底有什么区别?

　　制作冰咖啡（Iced Coffee）并不难，也不稀奇，以往的常规做法是使用意式咖啡机萃取意式浓缩咖啡，然后在雪克壶里加上冰块强行摇冰而成。冷萃咖啡（Cold Brew Coffee）则大不相同，指的是用冷水或冰水在低温下长时间萃取制作而成。

　　冷萃咖啡历史非常悠久，据说最早发明者是那些往来欧亚之间从事咖啡贸易的荷兰殖民者，他们常年在海上航行，缺乏热水时便会尝试使用冷水冲泡咖啡，后来这种方法又传到了日本。2007 年我在北京开咖啡馆时，便有在京的日本咖啡馆主分享这种冷萃咖啡的方法，并介绍说这种方法制作出来的咖啡好喝不伤胃。随着精品咖啡运动的深入，前几年冷萃咖啡在北美逐渐热了起来，又于 2017 年前后在国内开始消费升温，将来还会有很大的持续上升空间。

02

为什么冷萃咖啡会走红？

这几年冷萃咖啡的突然走红有多个原因。

（1）冷萃咖啡并非只是将热萃的高浓度黑咖啡加冰块"凉下来"那么简单，而是需要精心设计萃取策略，花费更多的时间来获得，有道是"用时间换取精华"。在今天这个工匠精神回归的时代，无疑大受欢迎。

（2）制作冷萃咖啡需要截然不同的粉水冲泡比例，导致消耗更大的粉量才能萃取出相同容量的黑咖啡，物料成本更高一些。成本高导致定价高，相应的产品溢价也更高。

（3）由于冷萃咖啡萃取水温低，酸度柔和不尖锐、风味细致，甘甜温和，这不仅迎合了精品咖啡浪潮下对于纯天然、特色好风味的极致追求，还不伤害牙齿珐琅质和肠胃，对于某些人群来说接受度更高。

（4）不论什么烘焙程度、什么处理方法，都可以尝试用来制作冷萃咖啡。再加上萃取过程比较缓慢，不太可能出现"彻底失败的作品"，一旦制作工序确定下来，不管是咖啡师还是爱好者，都可以胜任。

（5）冷萃咖啡入口不如热萃咖啡那般张扬肆意，但内敛沉稳中各种风味细节纷至沓来，让你感动连连，是迥异于热萃咖啡的全新品鉴体验，新奇有趣，大受年轻人士欢迎。

（6）各种高颜值、网红级的冷萃咖啡制作工具层出不穷，极大地推动了冷萃咖啡的热潮。

03

怎样使用冰滴器制作冷萃咖啡?

咖啡馆里经常能看到华丽优雅的大型冰滴器,散发着光芒的咖啡液在蛇管中蜿蜒滑落。使用冰滴法(Cold Drip)制作而成的冷萃咖啡又被称作冰滴咖啡,曾经是咖啡师们的"秘密武器"。如今,越来越多的小型冰滴器走进了家庭,爱好者也能在家享受一杯完美的冰滴咖啡了。

冰滴器不管大小尺寸或品牌型号,其原理都是一样:冷水或冰水混合物放置在最上端容器中,水流按照设定的速度极缓慢地滴落至咖啡粉层上(通常粉层上覆盖着滤纸或金属滤片),借由重力作用慢慢浸润咖啡粉并进行萃取,咖啡液再流入下方的容器中。

使用中有如下几点建议:

第一,建议可以先参考 1 : 12 的粉水比例,后续再根据感官评估进行调整。

第二,建议可以先使用杯测研磨粗细度,后续再根据感官评估进行调整。

第三,冰滴器上端盛水器中既可以使用室温下的饮用水,也可以使用 0℃ 的冰水混合物。前者水温高,导致萃出率略高一些,香气展现更上扬,发酵酒酿风味更加突出。后者温度低,导致萃出率更低,香气更加内敛沉稳,酸度更加柔和。

第四,萃取速度的调节非常重要,通常可以考虑将流速调节为 1 滴 / 秒~1 滴 /2 秒并保持稳定,最终目的是使萃取时长控制在 5~6 个小时。虽然说萃取过程无须专人值守,但建议多次关注流速是否发生了变化。

需要注意的是,滴滤法制作时咖啡被氧化程度较重,风味更容易劣化,所以需要在萃取制作完成后尽快装瓶保存起来,以便延长饮用时间。

04

怎样使用冷泡法制作冷萃咖啡?

冷泡法是历史最悠久、方法最简单的冷萃咖啡制作方法,不拘泥于任何设备器具,纵使拿个喝完要扔掉的可乐瓶,涮洗干净后也能使用,简直是爱好者的最爱。

冷泡法是将研磨好的咖啡粉与冷水混合,两者在长时间的完全亲密接触下慢慢展开萃取过程,最后进行过滤便可完成。如果说前面的冰滴法属于滴滤萃取,那么冷泡法就属于浸泡萃取了。与热水冲泡后直接放凉的咖啡对比,冷泡法无疑在甜度、醇厚度与糖浆般的质感上更胜一筹。

粉水比在 1:10~1:12 为宜,后续再根据感官评估进行调整。

建议可以先使用杯测研磨粗细度,后续再根据感官评估进行调整,而将研磨度调得更粗一些很可能是下一步的调整方向。

冷泡法的萃取总时长在 6~24 小时,以 8~16 小时较为常见。研磨度与浸泡时间要对应,研磨越粗,浸泡时间越长;研磨越细,则要相应缩短浸泡时间。如果使用杯测研磨粗细度,则建议考虑浸泡 12 小时。傍晚后研磨与冷水充分混合,放置冰箱以 2~8℃冷藏静置一宿,第二天早上取出过滤即可。

由于冷泡咖啡较热水冲泡的咖啡会有柔化酸质的特点,有些咖啡师为了让冷泡法制作的冷萃咖啡酸质更明亮活泼,会先用咖啡粉量 2 倍左右的热水(90.5~96℃)与咖啡粉充分混合,约 1 分钟后再将冷水倒入混合。

冷泡咖啡既可以即刻饮用,也可以继续将其置于冰柜中静置,在未来的 10 天内,其风味会不断"驯化"而变得愈发融合,口感变得更加柔顺,发酵风味也会越来越突显。

05

冷泡法制作冷萃咖啡的
粉水比例多少合适？

　　前文其实已经给出了一个 1∶10~1∶12 的粉水比例范围，这当然是可以尝试的。但实际上很多咖啡师认为，冷萃过程中很多风味化合物纵使经历长达 10 个小时也不会轻易溶解出来，所以需要更多咖啡粉来补充。于是，我们也可以使用 1∶6~1∶8 的超大粉水比例来萃取制作冷萃原液，后续饮用时再酌情兑水稀释。

　　有些咖啡师会在冷泡法制作冷萃咖啡时插入一个热水闷蒸的小环节，也就是先用少许热水完全浸泡咖啡粉并适当搅拌，静置等待三五分钟后，再注入剩余量的凉水直至达到粉水比例所需的注水总量。这样进行热水闷蒸和不用热水闷蒸究竟有什么区别呢？前者能够萃取出更多甜感和酸质，体脂感也更胜一筹；而后者则酸质更加平和、体脂感轻盈，同时对于花果香气的表现更好一些。

　　如果我们以最常见的冷泡法制作冷萃咖啡来看适用的咖啡豆，其实并没有一定之规，豆子烘焙得浅一点还是深一点，都可以通过微调粉水比例、研磨粗细度、浸泡时间等来适应。但考虑到冷泡法冷萃咖啡的基本风味特征，我个人还是偏爱花果香气浓郁一些、烘焙得略浅一些的咖啡豆——烘焙在到达沉寂期以前出锅下豆会是必然，而一爆尾端至结束则是大概率选择，这样可以尽可能保留咖啡中的花果香气和美好酸质。此外，由于冷泡法制作冷萃咖啡浸泡时间很长，如何让风味的细节和层次表现出来则是在设计烘焙曲线时值得考虑的技术问题。

06

怎样使用手冲冰镇法
制作冷萃咖啡？

　　手冲冰镇法（又称作"闪萃"）是另一种冷萃咖啡制作方法，咖啡馆里的手冲咖啡师为了追求冷萃咖啡制作效率时经常会使用。由于咖啡冲泡依旧是使用热水，因此酸香风味能够最大化地萃取出来，再经由冰块迅速降温后锁定在咖啡液里。如果制作得当，手冲冰镇法制作而成的冷萃咖啡会显得更加活泼明亮、酸香丰沛。

　　手冲冰镇法使用与手冲咖啡完全一样的方法，建议使用 Hario V60 滤杯或者使用 chemex 咖啡壶手冲。

　　冲泡水温在 90.5～96℃，建议可以先参考 1∶8～1∶10 的粉水比例来进行手冲。

　　为了能够将热咖啡液降温，下壶中需要提前放置好冰块，冰块克重与冲泡热水相当。

07

创意冷萃咖啡还有哪些?

创意冷萃咖啡几乎是无所不能,足以设计出一份出品单。尤其使用冷泡法的工艺来制作时,我们可以尽情发挥想象力,将原本的冷水用别的液体进行替换。如果用冷牛奶混合咖啡粉冲泡萃取,便叫作冷奶萃咖啡;如果用苏打水混合咖啡粉冲泡萃取,便叫作苏打冷萃咖啡;如果用在冷牛奶中加上红茶包一同与咖啡粉混合萃取,便可以制作出冷萃鸳鸯奶茶。

在功能性咖啡日渐流行、RTD 即饮咖啡遍地、植物蛋白基咖啡即将爆发的今天,小众人群和特殊场景催生了更多咖啡饮品需求,创意咖啡尤其是创意冷萃咖啡也将随之迎来春天,值得大家期待和探索。